이정현의 집밥레스토랑

이정현의

집밥레스토랑 🍴

이정현 지음

이정현표 만능 간장, 초간단 한 끼 반찬,
국, 찌개부터 브런치, 디너 상차림까지

이정현의 행복한 집밥이야기
101가지 요리

서사원

어린 나이에 데뷔를 한 저는 남들과 같은 20대를 보낼 수 없었어요. 일을 사랑한 만큼 몸은 고달팠지만 또한 행복했습니다. 커다란 사랑을 한 몸에 받다가도 어느 순간 하향선을 타기도 하고, 운 좋게 오르는 듯하다가 다시 가라앉기를 반복했어요. 수많은 우여곡절로 인해 마음의 병이 오기도 하고, 또다시 열정이 불타오르며 언제 그랬냐는 듯 하루아침에 마음의 병이 나아지곤 했지요.

이러한 패턴들이 반복되며 스트레스와 기분 좋은 긴장감 속에 힐링할 수 있는 무언가를 찾아야만 했습니다. 필라테스, 요가, 발레 등 여러 가지 운동도 해보고 다른 취미들도 키워봤지만, 저에게 가장 큰 힐링은 따로 있었습니다. 그건 바로 집에서 우리 집 귀염둥이 토리와 함께 음식 영화와 음식 다큐를 시청하고, 요리하는 것이었습니다.

그러면서 자연스럽게 혼밥을 즐기며 나 혼자만의 요리를 하기 시작했어요. 지인들과 맛있는 레스토랑, 맛집 등을 찾아다니며 유명 셰프님들의 요리를 집에서 따라 만들기도 하고요. 비슷한 맛이 나면 너무 기뻐서 가족이나 친구들을 초대해 함께 나누곤 했습니다.

어려서부터 일 년 중 반 이상을 아버지 직장 동료들, 친척들, 지인들을 초대해 여러 가지 음식을 만들어 대접해드리는 어머니를 보고 자라서 그런지, 저 또한 사람들을 초대해서 맛있는 음식을 나누는 기쁨이 컸습니다.

어릴 때부터 어머니 어깨 너머로 요리를 따라 해보면서 흥미를 가졌고, 어머니를 통해 나눔의 정도 배우면서, 많은 것을 얻었습니다. 어머니에게 요리를 즐길 수 있는 행복한 유전자를 받은 것을 매우 감사하게 생각합니다.

이제는 배우, 가수라는 직업 외에도 요리하는 것이 저의 큰 행복입니다. 요즘은 어머니에게 배운 음식에 새로운 식재료를 접목시켜 요리를 만들어내는 재미가 쏠쏠합니다. 딸 다섯 모두 결혼해서 조카, 형부들까지 직계가족만 모두 모여도 20명이나 되지만, 어머니는 요즘도 우리 가족을 위해서 20인분을 손맛으로 뚝딱뚝딱 맛있게 만들어내십니다.

이 책을 출간하며 사랑하는 남편과 아버지, 우리 대가족들, 따뜻한 시아버지, 시어머니, 그리고 50여 년 동안 우리 가족을 위해 요리해주셨던 사랑하는 어머니에게 감사의 마음을 전합니다.

독자 여러분도 제 요리책 레시피로 가족과 친구, 연인과 함께 사랑과 행복이 가득한 집밥레스토랑을 즐기시길 바랍니다.

햇살 가득한 날에
이정현 드림

어려서부터 그릇을 정말 좋아했어요. 어머니는 장식장 안에 유리그릇을 장식해놓으셨다가 귀한 손님들이 집에 오시면 그 접시에 음식을 내주시곤 하셨어요. 어머니의 영향을 받아 그릇에 관심을 두기 시작했고, 신인 작가의 그릇부터 이름 있는 작가나 브랜드 등의 그릇을 모으기 시작했어요. 단, 공통점은 모든 그릇은 전부 세일할 때 구입했다는 것입니다.

회원가입 등을 미리 해놓으면 일 년에 두 번 정도 유명 브랜드 등에서 그릇 세일 정보를 보내주더군요. 맘에 드는 그릇은 평소에 눈으로 찜해두었다가 사는 편이고요. 해외 일정이 있을 때는 꼭 시간을 내서 그 나라의 그릇을 보러 가곤 했는데요. 이렇게 자연스럽게 예쁜 그릇을 모으는 취미가 생겼습니다.

가장 설레는 순간은 마음에 드는 그릇을 발견하고, 저 그릇에 어떤 음식을 담아볼까 생각할 때입니다. 그릇 같지 않은 식기 등을 요리 그릇으로 활용하는 것도 정말 재미있어요. 예를 들면, 우리 주변에 흔히 있는 소주잔에 셔벗이나 올리브 같은 안주를 담아 올려도 정말 예뻐요. 소주잔이 마치 고급스러운 크리스탈 유리처럼 다르게 보인답니다.

집에 손님을 초대해 그 그릇에 음식을 담고, 제가 생각했던 음식으로 맛있게 그릇에 담겨질 때… 그 행복감은 이루 말할 수 없답니다.

요즘에도 유명 식당이나 맛집 등을 다니면서 항상 유심히 보는 것이 '그릇'입니다. 가끔 셰프님들이나 주인장님들께 그릇 정보를 물어보기도 합니다. 음식과 그릇은 정말 뗄 수 없는 실과 바늘 같은 존재니까요.

놋수저나 은수저를 가져보는 것이 어릴 때 저의 꿈 중 하나였습니다. 귀한 음식을 먹을 때 사용하면 그 가치는 이루 말할 수 없습니다. 수저와 식기가 묵직해서 요리의 맛을 더 진중하게 느끼게 해준다고 표현할 수 있을까요.

놋수저는 스스로 살균하는 기능도 있고 식중독을 예방히거나 입 안의 염증을 가라앉혀준다는 말도 있지요. 예전 임금님들이 놋수저로 독이 있는 음식을 구별해냈다고도 전해져 내려오고요. 가끔씩 놋수저를 꺼내어 한 끼 식사를 차리면 정말 근사한 밥상이 된답니다.

그래서 특별한 날이나 중요한 손님이 오실 때 항상 내는 놋수저와 커트러리 세트를 갖고 있어요. 관리가 정말 힘들긴 합니다. 놋수저는 6개월에 한 번씩은 강한 수세미로 세척을 해야 하고, 은수저도 6개월에 한 번씩은 세척을 해줘야 하니까요. 그래도 그릇에 맛있게 담긴 음식과 그 음식을 먹고 행복해하는 가족 또는 손님의 모습을 보면 그 기쁨은 무엇과도 비교할 수 없지요.

이 책의 레시피 계량법

일상에서 자주 사용하는 숟가락과 종이컵으로 계량했어요. 간장, 설탕, 고추장, 된장 등 양념류는 모두 숟가락으로 계량했습니다. 1큰술, 반 큰술 등 밥숟가락으로 계량하시면 돼요. 간 조절은 드셔보시고 기호에 맞게 좀 더 줄이거나 추가하셔도 됩니다.

그리고 육수, 채소 등의 양은 종이컵 기준으로 계량했어요. 평소에 저울을 자주 사용하지 않고 눈대중으로 요리하곤 했는데요. 저 같은 분들이 많으실 거라는 생각에 저울 없이도 편하게 재료를 준비하실 수 있도록 종이컵 기준으로 다시 측정해서 레시피를 정리했어요.

이 책에 나오는 1컵, 2컵의 모든 기준은 종이컵이라고 생각하시면 됩니다. 재료가 다소 부족하거나 더 필요하다고 생각하시면, 드셔보시고 좀 더 추가하거나 줄이셔도 됩니다.

만능 간장 대체 소스 레시피

이 책의 여러 요리에 만능 간장이 필요합니다. 만능 간장이 없을 시 빠르게 대체할 수 있는 소스 레시피를 알려드릴게요. 향긋 짭조름한 만능 간장의 맛에는 못 미치지만, 비슷한 맛으로 요리할 수 있어요.

양조간장 1큰술 / 생수 6큰술 / 설탕 1큰술

위 재료를 잘 섞어서 만능 간장 대신 요리에 이용해보세요.

1컵

$\frac{3}{4}$컵

반 컵

$\frac{1}{4}$큰술

반 큰술

1큰술

이 책에서 자주 사용하는 기본 양념과 조리도구들

이 책에서 많이 쓰이는 기본 양념들

미리 준비해 놓으면 요리를 더 쉽고 맛있게 즐길 수 있어요.

이정현표 만능 간장, 양조간장, 까나리액젓, 멸치액젓, 새우젓, 가는소금, 설탕, 고춧가루, 통후추, 참깨, 참기름, 들기름, 올리브유, 콩기름

자주 쓰이는 허브 양념과 양식 양념들

건조 마늘가루, 건조 바질가루, 건조 페페론치노, 그라나파다노 치즈, 트러플 소금, 두반장, 라조장

자주 사용하는 조리도구들

치즈글레이터, 채반, 집게, 볼, 야채 필러, 밀대, 핀셋, 고기망치,
거품기, 뒤집개, 식도, 나무도마, 국자, 요리용 토치 등

TIP 베란다에서 허브 키우기

베란다나 창문에 작은 허브 화분들을 키우면서 가끔 요리에 장식해보세요. 집밥 위에 허브 조금 올렸을 뿐인데 집요리가 금세 고급 호텔 요리로 바뀝니다. 개인적으로 키우기 쉬운 로즈마리나 타임 화분을 추천합니다. 저의 최애 허브인 바질도 좋아요. 하지만 바질은 예민해서 다른 허브들보다 두 배로 신경 써서 키워야 해요.

TIP 파스타 면 삶기

면을 삶을 때 물 1L당 소금 한 큰술(8g)을 넣는 게 적당합니다. 단, 명란 등 간이 밴 양념을 함께 요리할 때는 소금 양을 반 큰술로 줄이거나 아예 넣지 말아주세요.

끓는 물에 7~8분 정도 삶으면 딱딱한 식감의 알덴테가 되고요. 폭신한 식감인 '벤코토(bencotto)'가 좋으시다면 10분 정도 삶기를 추천합니다.

면수는 버리지 마시고 파스타의 간이 안 맞거나 자작한 국물을 원하실 때 부어서 함께 조리하세요. 감칠맛은 물론 소금으로 인해 간을 확 잡아줍니다.

이정현표 만능 간장(55p)

만능 간장 아보카도덮밥(75p)

만능 간장 소고기덮밥(79p)

만능 간장 낙지파스타(85p)

베이컨달걀롤(165p)

달걀노른자 간장절임(169p)

바질 페스토(65p)

파김치(175p)

오이소박이(179p)

유자레몬무 피클(193p)

만능 간장 참나물 달걀죽(201p)

에그노그 커피(233p)

가지 샐러드(239p)

애호박 듬뿍 훈제연어
에그베네딕트(243p)

참나물 굴 오일 파스타(255p)

토마토 묵은지 해장 파스타(263p)

파채 짜장라면(289p)

해물짬뽕라면(293p)

닭볶음 감자 크로켓(301p)

이정현표 누룽지 떡볶이 피자(305p)

유채나물 생선구이(333p)

고구마 아이스크림샌드(357p)

chapter 1

감칠맛 최고! 이정현표 기본 육수와 양념장

chapter 2

면역력을 높이는 집밥과 혼밥

chapter 6

사랑하는 가족을 위한 소박하지만 우아한 호텔 조식

| 한식 |

| 일식 |

| 양식 |

chapter 7

친구, 연인, 가족과 함께해서 더 행복한 브런치

chapter 8

옛 추억과 맛이 몽글몽글 피어오르는 주말 간식

chapter 9

특별한 날이 더 소중해지는 디너&즐거운 수다 타임

| 디너 한식 |

여름과 겨울에 딱 좋은 한 그릇 요리

이정현의 집밥레스토랑

감칠맛 최고!
이정현표
기본 육수와 양념장

멸치육수

ingredient

멸치 한 줌
건새우 반 줌
생수 4L
다시마 20장(5×5cm)
양파 1개
대파 2개
파뿌리 적당량(생략 가능)
말린 표고버섯 2~3개(일반 생표고버섯
도 가능)
무 반 개

멸치육수는 어느 요리에도 잘 어울리는 자연 조미료입니다.
국, 찌개, 국물 요리 등에 기본 육수로 사용해요. 날 잡아 한
솥 끓여놓고 보관해두면 모든 음식이 10분 안에 빠르게 완
성되며, 자연적인 감칠맛으로 인해 더욱더 건강하고 맛있는
집밥이 완성된답니다.

recipe

1。 냄비에 생수를 붓고 다시마와 말린 표고버섯을 넣어 불린다.
2。 내장을 제거한 멸치 한 줌과 건새우 반 줌을 팬에 볶아 잡내
　　를 제거한다.

2

멸치육수 만들기

3。 파뿌리를 깨끗이 씻어놓는다.

4。 껍질이 남아 있는 양파를 깨끗이 씻어 반으로 자른다.

5。 대파 두 줄을 듬성듬성 크게 자르고, 무는 큼직하게 자른다.

6。 1번 냄비에 파뿌리, 양파, 대파, 무를 넣는다.

7。 볶은 멸치와 건새우를 6번에 넣은 후에 1시간 정도 끓인다. 중간에 물이 잦아들면 한 번 더 물을 채워 넣고 끓인다.

8。 식힌 육수를 체에 거른 후에 용기 안에 넣고, 냉장(일주일까지 보관 가능) 혹은 냉동 보관한다.

7

조개육수

ingredient

모시조개 600g(바지락으로 대체 가능)

생수 4L

다시마 20장(5×5cm)

대파 2개

양파 1개

무 반 개(중간 크기)

표고버섯 한 줌

바다의 향을 느끼고 싶을 때, 시원한 국이나 찌개, 짬뽕 국물처럼 얼큰한 음식을 만들 때 필요합니다. 저는 주로 해산물이 들어가는 요리에 사용해요. 멸치육수와는 다르게 시원한 국물과 감칠맛이 요리의 시원한 맛과 해물 향을 더 깊이 있게 살려줍니다.

recipe

1。 생수 한 솥에 다시마를 넣고 불린다.

2。 해감한 조개를 깨끗이 씻어 준비한다.

3

3. 껍질이 남아 있는 양파를 깨끗이 씻어 자르고,
   대파도 듬성듬성 크게 자른다.

4. 무도 큼직하게 자른다. 표고버섯 한 줌을 준비
   한다.

3

5。 냄비에 1번 다시마 우린 물을 붓고, 위 모든 재
　　료를 넣고 1시간 정도 끓인다. 중간에 물이 잦
　　아들면 한 번 정도 더 물을 채워 넣는다.

6。 식힌 육수를 용기 안에 넣어 냉장(일주일까지 보
　　관 가능) 혹은 냉동 보관한다.

이정현표 만능 간장

ingredient

멸치육수 1.5L(더 짭조름한 맛으로 진하게 만들 경우, 육수 양은 1L)

양조간장 0.9L

대파 1개

양파 1개

청주 1컵(소주나 화이트와인은 안 됨)

건더기와 함께 있는 유자청 4컵(단맛을 선호하지 않으면 2컵으로 줄여주세요)

설탕 2컵(단맛을 선호하지 않으면 1컵으로 줄여주세요)

가다랑어포 3컵

생레몬즙 5~7큰술(레몬 향을 선호하지 않으면 생략 가능)

TIP

토치 사용 시에 꼭 지켜야 할 주의사항
토치를 사용할 때는 반드시 가스밸브를 완전히 잠근 후에 해야 합니다. 매우 위험하므로 꼭 엄수해주세요. 초보인 경우에는 토치보다는 팬에 대파와 양파를 넣고 그을리는 방법을 추천합니다.

요리를 하면서 소스나 맛간장 양념 등을 미리 만들어놓고 나중에 요리를 하면 10분 안에 모든 음식이 완성되어서 정말 편하더라고요. 저는 평소에 담백하면서도 깔끔하고 상큼한 맛을 정말 좋아해서 10여 년 전부터 여러 재료를 섞어보고 시도한 끝에 정말 맛있는 만능 간장 레시피를 완성하게 되었어요. 간장에 가다랑어포를 잔뜩 넣고 유자청과 레몬을 추가해서 미리 만들어놓으니 요리가 더 맛있어지고 재미있어졌어요. 이 간장으로 한식부터 일식, 서양식까지 다양하게 활용할 수 있어요. 집 반찬도 10분 안에 7가지나 만들 수 있답니다. 그 외에도 장조림, 장아찌 등 만들어놓은 간장을 부어놓기만 하면 완성되니 이보다 더 편하고 맛있는 게 또 있을까 싶어요. 여러분도 하루 날 잡아서 잔뜩 만들어놓고 여러 요리에 활용해보세요.

2

만능 간장 만들기

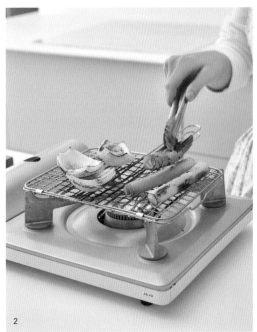

recipe _____

1. 냄비에 멸치육수와 양조간장을 넣고 끓인다. 여러 번 활용하고
   싶은 경우에는 육수 양을 줄여서 농도를 진하게 만든다.

2. 석쇠나 팬에 대파와 양파($\frac{1}{4}$ 크기로 슬라이스하면 잘 구워진다)를
   넣고 불 맛이 날 때까지 그을린다(토치를 활용해도 좋다. 다만 가
   스밸브를 반드시 잠그고 안전한 상태에서 해야 한다).

3. 끓고 있는 1번에 불 맛 나는 대파와 양파를 넣고, 청주와 유자
   청, 설탕을 넣는다. 취향에 따라 간장과 설탕으로 짠맛과 단맛
   을 조절한다.

4

4。 불을 끄고 거름망에 가다랑어포를 넣고 향이 날
   정도로 담갔다가 건져낸다. 약 2~5분 정도 담
   그면 된다.

5。 뚜껑을 열고 식힌 후에 체에 걸러 병에 담는다.
   이때 유자청 건더기도 함께 담는다. 약 2개월
   정도 냉장 보관 가능하다.

만능 양념장

감칠맛 최고! 이정원표 기본 육수와 양념장

ingredient

고춧가루 3큰술
양조간장 4큰술
생수 4큰술
다진 마늘 1큰술
다진 양파 4큰술
다진 파 4큰술
까나리액젓 4큰술(멸치액젓 가능)
설탕 2큰술
참기름 1큰술
통깨 약간

만능 양념장만 있으면, 김치나 겉절이 등을 정말 쉽게 만들 수 있어요. 이 양념장은 칼국수 등 국물 요리를 만들어 드실 때 국물 양념장으로도 이용 가능하고요, 이 레시피에 쪽파만 넣고 버무리면 '파김치'(p.175~177 참조)가 완성된답니다. 보통 김치 양념에 쓰이는 풀이 없어도 맛있는 김치를 만들 수 있어요(p.175~183 참조).

recipe

1。 그릇에 양념 재료(생수, 고춧가루, 양조간장, 다진 마늘, 다진 양파, 다진 파, 까나리액젓, 설탕, 참기름)를 모두 넣고 골고루 섞는다.

2。 마지막에 통깨를 뿌린다.

달래장

감칠맛 최고! 이정원표 기본 육수와 양념장

ingredient

달래 10줄

양조간장 4큰술

만능 간장 1큰술(만능 간장 대체 소스
p.28 참조)

고춧가루 1큰술

설탕 2큰술(단맛을 선호하지 않으면 1큰술
로 줄여주세요)

참기름 1큰술

통깨 1큰술

봄 내음이 물씬 풍기는 달래장만 있으면 밥 한 그릇 뚝딱이에요. 무밥이나 곤드레 등 나물밥부터 부침개나 만두, 튀김장으로도 활용 가능하답니다. 봄에는 꼭 달래장을 만들어서 가족의 입맛을 되찾아주세요. 집 안으로 봄이 성큼 다가올거예요.

recipe

1. 달래를 손질해서 깨끗이 씻은 후에 5mm 크기로 자른다.
2. 그릇에 간장, 만능 간장, 고춧가루, 다진 양파, 설탕, 달래, 참기름을 넣고 잘 섞는다.
3. 마지막에 통깨를 뿌린다.

달래장 만들기

만능 간장 드레싱

ingredient

만능 간장 1큰술
생수 1큰술
참기름 반 큰술
통깨 약간

만능 간장을 활용한 드레싱이에요. 드레싱 만드는 시간이 10초도 안 걸리는 것 같아요. 저는 손님이 왔는데 반찬이 모자란 듯할 때, 혹은 냉장고에 쟁여두었던 채소들이 곧 시들려고 할 때, 채소들을 먹기 좋게 손으로 찢어서 이 드레싱을 뿌려 먹는답니다. 닭가슴살이나 삶은 달걀과 함께 곁들여 드시면 든든한 다이어트 한 끼가 완성돼요. 여러분도 어제 먹나 남은 상추를 찢어서 혹은 여러 채소들을 모아 먹기 좋게 자른 후에 이 드레싱을 뿌려서 드셔보세요. 정말 맛있습니다.

recipe

1. 그릇에 만능 간장, 생수, 참기름을 넣고 잘 섞는다.
2. 마지막에 통깨를 뿌려 완성한다.

만능 간장 드레싱 만들기

바질 페스토

ingredient

바질 50g

잣 1컵

그라나파다노 치즈 1컵(파마산 치즈로 대체 가능)

엔초비 3마리

건조 마늘가루 $\frac{1}{4}$큰술(생략 가능)

다진 마늘 $\frac{1}{4}$큰술

레몬즙 1큰술

소금 반 큰술

올리브오일 1컵

후추 약간(생략 가능)

제가 평소에도 정말 좋아하는 바질 페스토를 아주 맛있게 만들어서 냉장고에 쟁여두고 오랫동안 먹고 싶었어요. 항상 사 먹는 바질 페스토나 레스토랑의 바질 페스토는 성에 차지 않았지요. 15년 전 여러 재료를 섞어보고 시도한 끝에 정말 맛있는 레시피를 만들어냈어요. 파스타, 피자, 샌드위치 샐러드 등 활용할 수 있는 요리가 정말 많답니다.

recipe

1。 바질을 깨끗이 씻은 후에 물기를 제거한다. 긴 줄기는 버리고 이파리만 사용한다(줄기를 넣으면 쓰거나 아린 맛이 날 수 있다).

2。 팬에 잣을 넣고 약한 불에서 살짝 볶는다(이 과정은 생략해도 된다).

바질 페스토 만들기

1

감칠맛 최고! 이경원표 가든 국수의 양념장

3。 그라나파다노 치즈를 한 컵 갈아둔다.

4。 믹서에 위 재료(바질 잎, 볶은 잣, 그라나파다노 치즈, 올리브오일, 엔초비,
후추, 건조 마늘가루, 다진 마늘, 레몬즙, 소금)를 넣고 갈아준다. 여러 번
갈면 바질색이 갈변하므로 주의한다.

5。 용기에 4번의 바질 페스토를 담는다. 냉동 보관하면 6개월까지도 사
용 가능하며, 냉장 보관할 경우에는 일주일 이내로 사용해야 한다.

3

4

TIP

만능 마요 소스 만들기

시저샐러드 소스보다 상큼 달콤한 만능 마요 소스입니다. 시저샐러드 소스를 만들 때는 달걀노른자 때문인지 냉장고에서 금방 상하는 게 너무 아쉬웠어요. 여러 번 시도 후에 새롭고 간단한 레시피를 만들어냈지요. 냉장 보관도 한 달 이상 가능합니다.

손님들이 집에 오실 때 항상 처음으로 내놓는 스타트 요리 중 하나인 정현표 '스터프트 에그'(p.341 참조)에 쓰이는 소스입니다. 이 만능 마요 소스는 튀김 요리와도 정말 잘 어울리고요. 연어와 함께 케이퍼랑 먹으면 기가 막힙니다. 닭가슴살을 삶아 마요 소스를 섞어 방울토마토나 양상추를 올린 후에 샌드위치로 드셔도 담백하고 고소합니다. 펜네나 푸실리를 삶아 비벼 먹어도 맛있답니다. 시저샐러드처럼 로메인과 함께 먹어도 정말 맛있어요. 여러 가지로 활용 가능한 마요 소스입니다.

마요네즈 300g

갈아놓은 그라나파다노 치즈 1컵

엔초비 2마리

설탕 2큰술(단맛을 선호하지 않으면 1큰술로 줄이세요)

생파슬리 5g

다진 마늘 $\frac{1}{3}$큰술

레몬즙 반 큰술

후추 약간(생략 가능)

토마토 홀

ingredient

잘 익은 토마토 5개

생수 800ml

TIP

토마토 고르는 법과 토마토 홀 사용법

1. 상온에서 푹 익은 빨간 토마토를 골라야 달고 맛있어요.

2. 토마토를 베이스로 하는 요리(파스타, 토르티야, 리소토 등)에 토마토 홀을 으깨서 끓이면 토마토 페이스트로도 활용할 수 있어요.

3. 토마토의 신맛이 강하면 설탕 3큰술을 넣고 끓여주세요.

토마토는 슈퍼 푸드라고 할 만큼 우리 몸에 참 좋은 식재료예요. 토마토를 익혀 먹으면 라이코펜 성분이 강해져서 건강에도 더욱 좋답니다. 토마토 홀을 만들어두면 파스타, 피자, 리소토, 얼큰한 요리 등 토마토가 들어간 모든 요리를 금방 맛있게 만들 수 있어요. 만드는 방법은 정말 간단합니다. 토마토가 곧 시들 것 같으면 이렇게 홀을 만들어서 냉장 보관해두면 일주일은 더 드실 수 있답니다.

recipe

1。 토마토를 깨끗이 씻은 후에 꼭지를 따고, 십자 모양으로 칼집을 낸다.

2。 끓는 물에 칼집을 낸 토마토를 넣고 5분 정도 데친 후에 꺼낸다.

3。 토마토의 신맛이 강하다면 설탕 3큰술을 넣고 끓여주세요.

1

4。 토마토를 찬물에 담갔다가 건져내고 껍질을
  벗긴다.

5。 용기에 2번의 끓였던 물을 담고, 껍질을 벗긴
  토마토와 함께 보관한다. 일주일 내로 사용해
  야 한다.

이정현의 집밥레스토랑

면역력을 높이는
집밥과 혼밥

만능 간장 아보카도덮밥

ingredient

잘 익은 아보카도 반 개(갈색으로 고루 익은 것)

만능 간장 3큰술(만능 간장 대체 소스 p.28 참조)

메추리알 1개, 식용유 약간(생략 가능)

밥 한 공기

통깨 약간(생략 가능)

슈퍼 푸드 중 하나인 아보카도는 영양은 물론, 초록색과 연한 노란빛이 어우러진 색감이 플레이팅했을 때도 참 매력적이죠. 부드럽고 고소한 맛은 더할 나위 없고요. 따뜻한 밥 위에 만능 간장과 아보카도를 넣고 함께 비벼 먹으면 다른 반찬은 없어도 될 정도로 최고의 조합이죠. 빠르고 간편하면서도 영양 만점인 한 끼 식사를 맛있게 만들어보세요.

recipe

1。 잘 익은 아보카도를 먹기 좋은 크기로 자른다. 반으로 자른 후에 씨를 제거하고 숟가락 등으로 아보카도를 분리하거나 또는 반으로 잘라 껍질을 벗긴다.

2。 달군 팬에 식용유를 두른 후에 메추리알을 넣고 프라이를 만든다(생략 가능).

3。 그릇에 하얀 쌀밥을 담고 아보카도와 메추리알 프라이를 올린 후에 통깨를 약간 뿌린다. 만능 간장을 곁들여 낸다.

아보카도덮밥 만들기

면역력을 높이는 집밥과 혼밥

차돌박이 영양부추덮밥

ingredient

차돌박이 100g

만능 간장 2~3큰술(생략 가능, 만능 간장
대체 소스 p.28 참조)

영양부추 15g(50원 동전 크기 양만큼)

참나물 2줄(생략 가능)

만능 양념장 1큰술 반

밥 한 공기

통깨 약간(생략 가능)

연하고 고소한 차돌박이와 영양부추에 참나물을 넣고 슥슥 비벼 먹는 덮밥이에요. 저희 가족도 입맛 없거나 시간 없을 때 간편하게 만들어서 자주 먹는답니다. 향긋하고 영양가 높은 채소와 고기 맛이 어우러져서 입 안이 풍성해져요.

recipe

1。 달군 팬에 차돌박이와 만능 간장을 넣고 볶는다(만능 간장이 없으면 고기만 익힌다).

2。 영양부추와 참나물을 깨끗이 씻어서 2~3cm 크기로 자른다.

3。 그릇에 영양부추, 참나물, 만능 양념장을 넣고 잘 섞는다.

4。 접시에 밥을 담고, 한쪽에 3번의 부추와 참나물을 올리고, 옆에는 볶은 차돌박이를 올린다.

면역력을 높이는 집밥과 훈밥

2

3

만능 간장 소고기덮밥

ingredient

불고기용 소고기 100g(모든 소고기 가능)

만능 간장 5큰술(만능 간장 대체 소스 p.28 참조)

대파 반 개

두부 $\frac{1}{3}$모

표고버섯 1개(모든 버섯으로 대체 가능)

버터 1쪽(50g)

밥 한 공기

달걀노른자 1개

다진 마늘 $\frac{1}{4}$큰술

통깨 약간

식용유 약간

평소에 시간 없고 입맛 없을 때 냉동실에 쟁여둔 소고기를 해동시킨 후 간편하게 만들어 먹는 한 끼 중 하나입니다. 저는 육수 때문에 항상 건표고를 가지고 있는데요. 고기를 해동시키는 동안 건표고를 따뜻한 물에 빠르게 불린 후 대파를 듬성듬성 썰어서 만능 간장을 넣고 고기와 함께 볶아서 먹습니다. 달걀노른자장(p.169 참조)이 있다면 함께 먹어도 정말 맛있고요. 달걀만 있다면 노른자만 분리해서 함께 드셔보세요. 정말 맛있답니다.

TIP

생마늘 다지는 방법

1. 생마늘을 칼등으로 눌러 으깨주세요.
2. 으깨진 마늘을 칼로 잘게 다져요.

TIP

더 맛있게 먹는 방법

1. 토치 등을 이용해서 고기에 불 맛을 내면 더욱 맛있게 즐길 수 있답니다.
2. 달걀노른자장(p.169 참조)을 올려 드시면 더욱 맛있습니다. 단, 노른자장을 올릴 경우에 짠맛이 강할 수 있으므로 밥을 비빌 때 간장 양을 줄여주세요.

만능 간장 소고기덮밥 만들기

recipe

1。 두부, 대파, 표고버섯을 먹기 좋은 크기로 자른다.

2。 식용유를 두르고 팬이 달궈지면 소고기, 다진 마늘, 만능 간장, 대파, 두부, 버섯을 넣은 후에 볶는다.

3。 쌀밥에 버터, 만능 간장을 넣고 비빈다.

4。 접시에 3번의 밥과 2번의 볶은 소고기, 채소 등을 담은 후 달걀노른자를 위에 올리고 통깨를 조금 뿌린다.

두반장 제육볶음 덮밥

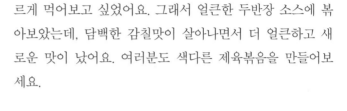

ingredient

돼지고기 200g

다진 마늘 반 큰술

소주 1큰술

두반장 2큰술

라조장 1큰술

만능 간장 3큰술

설탕 2큰술(단맛을 선호하지 않으면 1큰술
을 넣거나 생략하세요)

참기름 반 큰술

대파 반 개

양파 반 개

깻잎 2장(생략 가능)

통깨 약간

밥 한 공기

TIP

더 맛있게 먹는 방법

볶은 돼지고기를 토치로 그을려서 불
맛을 내면 숯불돼지고기처럼 더 맛있
어요.

두반장 제육볶음 덮밥 만들기

제육볶음은 정말 좋아하는 반찬 중 하나인데요. 좀 더 색다
르게 먹어보고 싶었어요. 그래서 얼큰한 두반장 소스에 볶
아보았는데, 담백한 감칠맛이 살아나면서 더 얼큰하고 새
로운 맛이 났어요. 여러분도 색다른 제육볶음을 만들어보
세요.

recipe

1. 돼지고기는 소주와 다진 마늘을 넣고 재워둔다.

3

2. 대파와 양파를 듬성듬성 썬다.

3. 볼에 두반장, 라조장, 만능 간장, 고춧가루, 설탕, 통깨, 참기름을 넣고 잘 섞는다.

4. 재워둔 돼지고기에 3번 소스를 넣고 2번 채소와 함께 버무린 후 냉장고에 15~20분간 재워둔다.

4

5。 팬에 기름을 두르고 강한 불에서 재워둔 돼지고
기를 볶다가 중약불로 줄이고 뚜껑을 닫아 충분
히 익힌다.

6。 마지막에 깻잎으로 토핑해서 완성한다.

만능 간장 낙지 파스타

만능 간장으로 제가 직접 개발한 요리입니다. 방송에서도 보여드렸는데요. 파기름에 낙지와 어우러진 만능 간장 소스에 들기름으로 풍미를 더하고, 마지막에 노른자장(p.169 참조)이나 달걀노른자까지 올려 드시면 레스토랑에 내놓아도 손색없을 새로운 한국식 파스타가 완성됩니다. 서양식 파스타가 질리셨다면 만능 간장 파스타로 색다른 맛을 즐겨보세요.

ingredient

1인분

파스타 면 1인분

낙지 1~2마리(오징어, 쭈꾸미로 대체 가능)

만능 간장 6큰술(만능 간장 대체 소스 p.28 참조)

대파 1개

생고추냉이 약간(생략 가능)

달걀노른자 1개

들기름 1큰술

식용유 약간

TIP

더 맛있게 먹는 방법

달걀노른자 간장절임(p.169 참조)을 올려 드시거나 달걀노른자 절임(p.195 참조)을 그레이터(강판)를 이용하여 뿌려 드시면 더욱 맛있습니다.

TIP

파스타 예쁘게 담는 방법

집게로 파스타를 집어서 국자에 넣고 돌돌 말아주세요. 그대로 접시에 담고, 맨 위에 볶은 낙지로 토핑을 합니다.

recipe

1. 낙지를 손질한 후에 먹기 좋은 크기로 자른다.

2. 냄비에 물을 끓이고, 파스타 면을 넣고 7~8분 정도 알덴테(p.33 참조)로 삶는다. 후에 만능 간장 양념으로 간이 되므로 냄비 물에 소금은 따로 넣지 않아도 된다.

3. 파채를 만든다(파의 흰색 밑둥 부분을 잡고 아랫부분에 칼집을 낸다. 파란색 부분은 이등분한 후에 둥글게 말아서 채 썬다).

4。 면이 익기 전에, 달군 팬에 식용유를 두르고 파채(대파 1개 중 반 줌)를 넣어 약한 불에서 파기름을 낸다.

5。 파기름을 낸 4번 팬에 낙지와 만능 간장을 넣고 익힌다.

6。 삶은 파스타 면을 7~8분 후에 건져내고, 5번 팬에 넣고 함께 볶는다.

7。 마지막에 파채(대파 1개 중 반 줌)를 넣고 좀 더 볶은 후에 불을 끈다.

8。 접시에 파스타를 담고, 들기름으로 토핑한 후에 생겨자와 함께 달걀노른자장이나 달걀노른자를 올린다.

만능 간장
새꼬막낙지무밥과 달래장

겨울 무는 정말 맛있고 영양가도 높아서 무 하나만으로도
보약이 됩니다. 한겨울 반찬이 떨어졌을 때 즐겨 먹는 무밥
입니다. 냉동실에 손질해놓은 꼬막이나 낙지, 오징어 등이
있다면 만능 간장에 함께 볶아서 올려 드세요. 파릇하고 고
소한 달래장과 함께 비벼 드시면 영양 만점 최고 보양식이
된답니다.

ingredient

4인분

새꼬막 반 컵(생략 가능)

낙지 반 컵(생략 가능)

쌀 2컵(4인분 양)

생수 2컵 안 되게

무 200g

만능 간장 6큰술(만능 간장 대체 소스
p.28 참조)

식용유 약간

달래 양념장

p.61 참조

recipe

1。 용기에 쌀 2컵, 생수(2컵 안 되게)를 붓고 30분 정도 불린다.

2。 무를 0.8~1cm 크기로 두껍게 자른다. 약간 두껍게 잘라야 식
   감이 좋다.

3。 밥솥에 불린 쌀을 넣고 무를 올린 후에 취사를 누른다.

무밥과 달래장 만들기

면역력을 높이는 집밥과 혼밥

3

4。 팬에 식용유를 두르고 새꼬막과 낙지를 함께 볶
　　다가 만능 간장을 넣고 조린다.

5。 취사가 완료되면, 그릇에 무밥을 담고, 6번의 새
　　꼬막과 낙지를 올린 후에 달래 양념장(p.61 참조)
　　을 얹는다.

곤드레밥

ingredient

2인분

말린 곤드레나물 100g(2인분 기준)

불린 표고버섯 3개(생략 가능)

쌀 2컵

멸치육수 2컵

만능 간장 4큰술(만능 간장 대체 소스 p.28 참조)

들기름 2큰술

날래장 약간(달래가 없으면 파 또는 부추로 대체 가능, p.61 참조)

전복 1개(생략 가능)

TIP

더 맛있게 먹는 방법

끓는 물에 굵은소금 반 큰술을 넣고 전복 1개를 살짝 데쳐서 슬라이스해서 올려 드시면 더 영양가 높은 한 끼를 드실 수 있습니다.

건강에 좋은 곤드레 나물을 오랫동안 먹고 싶었습니다. 건조 곤드레 나물을 한가득 쟁여놓으니 장을 못 봤을 때, 하지만 채소가 먹고 싶을 때, 끓는 물에 데쳐서 오물조물 무친 다음 밥에 비벼 먹으면 영양 만점 한 끼 식사가 되더라고요. 건조 곤드레 나물을 한가득 쟁여놓으시고 일 년 내내 건강한 별미를 즐겨보세요.

recipe

1。 말린 곤드레나물을 물에 불린 후에 끓는 물에 30분간 삶는다.

2。 불린 표고버섯을 먹기 좋은 크기로 자른다.

3。 삶은 곤드레나물을 찬물에 헹군 후에 먹기 좋은 크기로
   썬다.

4。 볼에 곤드레나물, 불린 표고버섯, 들기름, 간장을 넣고
   조물조물 무친다.

5。 밥솥에 씻은 쌀과 멸치육수를 붓고 취사 버튼을 누른다.

6。 취사가 완료되면 그릇에 밥을 담고 곤드레나물, 데친 전
　　복 슬라이스(생략 가능)를 올린 후에 달래장(p.61 참조)을
　　얹는다.

닭볶음탕

ingredient

2~3인분

닭볶음용 닭 1마리

감자 2개

당근 반 개

양파 1개

대파 1개

쪽파 약간(생략 가능)

통깨 약간(생략 가능)

고추장 육수

멸치육수 450ml(3컵)

고추장 3큰술

고춧가루 2큰술

후추 약간(생략 가능)

다진 마늘 1큰술

설탕 2큰술(단맛을 선호하지 않으면 1큰술 넣으세요)

○기호에 따라 짠맛과 단맛은 고추장과 설탕으로 조절해주세요.

떡볶이를 정말 좋아해서요. 국물 떡볶이 소스를 항상 냉장고에 쟁여둔답니다. 우연히 떡볶이 국물 소스에 닭을 넣고 볶음탕을 만들었는데 정말 맛있었어요. 방송에서도 보여드려 화제가 되었던 닭볶음탕 레시피입니다. 정현표 크로켓 (p.301 참조) 안에 넣어 드신다면 더욱 맛있답니다.

recipe

1. 닭을 깨끗하게 씻는다. 잡내를 없애기 위해 끓는 물에 닭을 3분 정도 데친다.

1

닭볶음탕 만들기

2。 감자, 당근, 양파를 크게 듬성듬성 썬다(돌려깎
   기를 하면 더 좋다). 대파도 먹기 좋은 크기로 자
   른다.

3。 멸치육수에 고추장, 고춧가루, 후추, 다진 마늘,
   설탕을 넣고 잘 풀어준다.

4。 냄비에 데친 닭과 감자, 양파, 당근, 대파를 넣
   고, 3번의 고추장 육수를 붓는다. 익을 때까지
   푹 끓인다.

5。 그릇에 4번의 닭고기와 채소를 먹기 좋게 담고,
   통깨와 쪽파로 토핑한다.

이정현의 집밥레스토랑

세상 쉽고 맛있는

국과 찌개

소고기 미역국

ingredient

약 3인분

불린 미역 15g(약 3인분)

소고기 100g(어느 부위든 상관없음)

멸치육수 1.8L

양조간장 2큰술

만능 간장 1큰술(만능 간장 대체 소스 레시피는 p.28 참조)

다진 마늘 2큰술

까나리액젓 2큰술(멸치액젓으로 대체 가능)

참기름 1큰술

식용유 약간

정말 구수하고 담백하면서도 감칠맛이 풍부한 미역국 레시피입니다. 저는 미역과 소고기를 볶기 전에 양념을 조물조물 무칩니다. 국물 간은 소금 말고 무조건 액젓으로 하세요. 그래야 감칠맛이 살아납니다. 시골집에서 먹던 그 가마솥 미역국 맛이 난답니다.

recipe

1. 불린 미역은 물기를 꼭 짠 후에 적당한 크기로 자른다. 용기에 자른 미역, 소고기와 함께 양조간장, 만능 간장, 액젓, 다진 마늘을 넣고 조물조물 무친 후에 냄비에 식용유를 두르고 볶다가 미역 색깔이 연해지면 참기름을 넣고 좀 더 볶는다.

미역국 만들기

책상 쉽고 맛있는 국과 찌개

2

Induction

3

2。 멸치육수를 붓고 15분 정도 끓인다.

3。 까나리액젓과 다진 마늘을 넣고 30분 정도 더
   끓인다. 오래 끓일수록 깊은 맛과 감칠맛이 난
   다. 오래 끓여서 물의 양이 줄어들면 육수 혹은
   생수를 조금씩 부어가며 더 끓인다.

4。 마지막에 간을 보면서 액젓의 양을 조절한다.

곰국물 우거지된장국

ingredient

2인분

곰국물 650ml

삶은 우거지 1컵(얼갈이, 열무 모두 가능)

무 $\frac{1}{3}$개

대파 반 개

된장 1큰술

다진 마늘 1큰술

고춧가루 2큰술 반

새우젓 2큰술

청고추 반 개(생략 가능)

홍고추 반 개(생략 가능)

소금 약간

고추기름(생략 가능)

TIP

더 맛있게 먹는 법

소고기 사태를 삶아서 함께 드시면 더 맛있어요.

곰국물은 시간 내서 멸치육수와 함께 한 솥 끓여 냉동실에 쟁여두고 먹는 육수 중 하나입니다. 집에 떡국떡이나 냉동 만두를 넣어 끓이면 영양 만점 한 끼가 금세 완성되고요. 가끔 된장국을 더 영양가 있게 먹고 싶을 때 육수로 이용하면 구수한 맛이 정말 좋답니다. 가끔 몸이 허해지실 때 한 그릇 만들어 드시면 정말 든든합니다.

recipe

1. 무는 5mm 두께로 잘라서 6등분하고, 대파는 송송 썬다.

2

2。 볼에 삶은 우거지, 무, 된장, 다진 마늘, 고춧가루, 대파, 새우젓을 넣고 조물조물 무친다.

3。 냄비에 2번의 우거지를 넣고 곰국물을 부은 후에 푹 끓인다. 마지막에 소금으로 간을 한다.

4。 끓으면 자른 청홍고추 몇 개로 토핑한다. 기호에 따라 고추기름을 약간 넣어도 된다.

북엇국

ingredient

2인분

불린 북어 1컵

멸치육수 1.8L(쌀뜨물로 대체 가능)

자른 무(3×3cm) 1컵(약 140g)

만능 간장 3큰술(만능 간장 대체 소스 p.28
참조, 양조간장 1큰술로 대체 가능)

다진 마늘 1큰술

달걀 1개

청양고추 반 개(생략 가능)

멸치액젓 3큰술(까나리액젓 가능)

청고추, 홍고추 반 개씩(생략 가능)

참기름 1큰술

식용유 약간

북엇국은 항상 실패해서 두려운 요리 중 하나였습니다. 알고 있는 기존 방식대로 북엇국을 끓이면 정말 맛이 없더라고요. 간단한 저만의 방식을 터득한 후에 만들어보니 정말 맛있었습니다. 원기 회복에 좋은 북엇국, 뜨끈하게 한 그릇 만들어보세요.

recipe

1. 깨끗하게 씻은 무는 0.5cm 두께로 썰고 6등분한다. 불린 북어도 먹기 좋은 크기로 자른다.

2. 냄비에 북어와 만능 간장, 다진 마늘을 넣고 조물조물 무친 후에 식용유를 두르고 볶는다.

3。 마지막에 참기름을 넣고 볶다가 멸치육수를 붓
   고, 무를 넣은 후에 15~20분간 끓인다.

4。 달걀을 풀어서 달걀물을 만들고, 청양고추는 잘
   게 썰어놓는다.

5。 무가 투명하게 익을 무렵에 달걀물을 넣고 저어
   준 후, 청양고추를 넣고 좀 더 끓인다.

6。 멸치액젓으로 간을 맞춘다. 먹기 직전에 잘게
   썬 청홍고추를 몇 개 올린다.

5

5

청국장

정말 간단해요. 엄마가 해주시던 구수한 청국장이 쉽게 완성되니 참 신기했어요. 저는 멸치육수를 선호하지만, 쌀뜨물로 대체하셔도 됩니다.

ingredient

2인분

청국장 200g

멸치육수 1.2L(쌀뜨물로 대체 가능)

묵은지 1컵(신 김치나 씻은 묵은지로 대체 가능)

무 140g

애호박 $\frac{1}{3}$개(생략 가능)

두부 반 모

고춧가루 1큰술

다진 마늘 반 큰술

들기름 반 큰술(참기름으로 대체 가능)

까나리액젓 3큰술(기호에 따라 조절)

식용유 약간

TIP

간을 맞추는 방법

시판 청국장의 종류에 따라 간이 조금씩 다르므로, 싱거우면 고춧가루(1큰술)나 까나리액젓(1~2큰술 정도)을 더 넣어서 간을 맞춰주세요.

recipe

1. 묵은지는 씻어서 양념을 덜어낸 후에 듬성듬성 썬다.
2. 달군 냄비에 식용유를 두르고 묵은지, 고춧가루, 다진 마늘을 넣고 볶다가 들기름을 넣고 더 볶는다.

Induction

2

세상 쉽고 맛있는 국과 찌개

Induction

6

3。 2번에 멸치육수를 붓고 한 번 더 끓인다.

4。 무는 0.5cm 두께로 잘라서 6등분하고, 애호박
   은 1cm 두께로 잘라서 4등분한다. 두부도 먹기
   좋은 크기로 자른다.

6

5。 3번에 청국장을 풀고, 무를 넣고 끓인다.

6。 무가 투명해지면 애호박과 두부를 넣고 끓인다.

7。 그릇에 먹음직스럽게 담는다.

차돌된장찌개

세상 쉽고 맛있는 국과 찌개

일반 된장찌개가 질리셨다면 차돌 몇 점을 냄비에 볶아 육수를 넣고 요리해보세요. 담백한 국물이 고소하면서도 정말 맛있는 밥도둑 찌개가 완성된답니다.

ingredient

2인분

차돌박이 50g

멸치육수 1.8L

양파 1개 반

대파 1개

애호박 반 개

표고버섯 1개(생략 가능)

두부 반 모(생략 가능)

된장 3큰술

고추장 1큰술

다진 마늘 2큰술

고춧가루 약간

고추기름 반 큰술(생략 가능)

recipe

1。 멸치육수를 준비한다.

2。 양파, 대파, 애호박, 두부를 먹기 좋은 크기로 자른다. 대파는 약 1.5~2cm 두께로, 애호박은 1cm 두께로 잘라 납작하게 놓고 4등분한다. 오래 끓이므로 채소는 대체로 굵직굵직하게 자른다.

TIP

다르게 먹는 방법

차돌을 제외하고 위 방식대로 끓이다가 마지막에 깨끗하게 손질한 조개나 새우를 넣으면 해물된장찌개가 됩니다. 차돌이나 해물 재료가 없을 경우에는 그냥 끓여도 맛있는 된장찌개가 완성됩니다. 단맛을 선호하시면 양파 한 개를 더 추가하여 양파가 투명해질 때까지 푹 끓여주세요. 기호에 따라 청양고추를 첨가하시면 얼큰한 찌개가 된답니다.

된장찌개 만들기

119

5

Induction

세상 쉽고 맛있는 국과 찌개

3。 달군 팬에 대파, 양파, 차돌박이를 넣고 살짝 볶
  는다. 기름은 따로 두르지 않는다.

4。 채소와 고기를 볶은 후에 멸치육수를 붓는다.

5。 된장, 고추장을 잘 풀어 넣고, 다진 마늘을 넣고
  끓인다.

6。 한 번 더 끓어오르면 고춧가루, 애호박, 두부를
  넣고 좀 더 끓인다.

7。 다 끓으면 고추기름을 넣고 완성한다(기호에 따
  라 고추기름은 생략해도 된다).

돼지고기 김치찌개

ingredient

2인분

돼지고기 목살 100g(모든 부위 가능)

김치 1컵 반

멸치육수 1.2L(쌀뜨물로 대체 가능)

참기름 1큰술

양파 1개

애호박 반 개

두부 반 모(생략 가능)

고춧가루 반 큰술

다진 마늘 1큰술

고추장 1큰술

소주 3큰술

새우젓 3큰술

식용유 약간

TIP

신 김치를 넣을 때

신 김치를 사용할 경우에는, 김치를 볶을 때 설탕 1큰술을 넣으면 신맛이 약해집니다.

돼지고기 김치찌개 만들기

남녀노소 모두 좋아하는 김치찌개입니다. 돼지 잡내를 잡을 때, 특히 김치찌개를 할 때는 무조건 소주를 넣어야 잡내도 잡고 감칠맛까지 돈답니다. 그리고 돼지고기와 궁합이 잘 맞는 새우젓! 여러분 돼지고기 요리에는 소주와 새우젓 잊지 마세요. 정말 맛있는 집요리가 완성됩니다.

recipe

1。 달군 냄비에 식용유를 두르고 돼지고기 목살, 다진 마늘, 고추장, 소주를 넣고 볶는다.

Induction

1

2。 1번에 김치를 넣고 볶는다.

3。 마지막에 참기름을 넣고 볶다가 멸치육수를 붓는다.

4。 양파, 애호박, 두부를 적당한 크기로 자른다.

5。 3번에 양파를 넣고 더 끓인다.

6。 한 번 더 끓어오르면 고춧가루와 새우젓을 넣고 간을
맞춘다.

7。 애호박과 두부를 넣고 한소끔 더 끓인다.

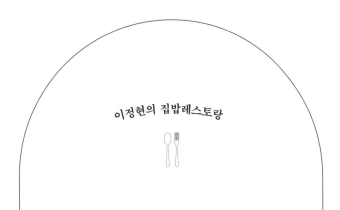

이정현의 집밥레스토랑

이정현표 만능 간장으로 만든
밥도둑, 집 반찬

매콤한 라조장 멸치볶음

ingredient

멸치 50g(약 종이컵 1컵)

아몬드 또는 각종 견과류(생략 가능)

통깨 약간

식용유 약간

소스

만능 간장 4큰술(만능 간장 대체 소스 p.28 참조)

생수 2큰술

라조장 $\frac{1}{3}$큰술(생략 가능)

3분 안에 만들 수 있는 집 반찬입니다. 일반적인 멸치볶음을 좀 더 새롭게 드시고 싶으면 라조장을 넣어보세요. 단, 라조장과 생수를 1:2 혹은 1:3의 비율로 넣어주셔야 짜지 않습니다.

TIP

라조장의 풍미

조리 음식에 라조장을 넣으면 매콤한 중식 맛이 납니다. 라조장이 없을 때는 고추기름으로 대체하셔도 좋습니다.

recipe

1. 그릇에 만능 간장, 생수, 라조장을 넣고 골고루 섞어서 소스를 만든다.

멸치볶음 만들기

3

2。 달군 팬에 식용유를 두르고 멸치, 견과류를 넣고
　　볶는다.

3。 어느 정도 볶은 후에 1번 소스를 붓고 좀 더 볶
　　는다.

4。 마지막에 통깨를 뿌린다.

꽈리고추볶음

ingredient

꽈리고추 80g

만능 간장 2큰술(양조간장으로 대체 가능, 대신 생수 4큰술, 설탕 1큰술 추가)

가다랑어포 조금

식용유 약간

만능 간장만 있으면 10초 안에 만들 수 있는 반찬이랍니다. 정말 간단한 집 반찬이지만, 가다랑어포를 살짝 뿌리면 매우 특별한 반찬이 된답니다.

recipe

1。 꽈리고추는 깨끗하게 씻어서 준비한다.

꽈리고추볶음 만들기

2

3

4

2。 달군 팬에 식용유를 두르고, 꽈리고추를 볶는다.

3。 2번에 만능 간장을 넣고 뒤적인다. 뚜껑을 닫고 20초
   정도 더 볶는다.

4。 먹기 직전에 가다랑어포를 조금 뿌린다.

어묵조림

이경화표 만능 간장으로 만든 밑도둑, 집 반찬

ingredient

어묵 200g
꽈리고추 2~3쪽(생략 가능)
통깨 약간
식용유 약간

소스

만능 간장 4큰술(만능 간장 대체 소스 p.28 참조)
생수 2큰술

만능 간장으로 손쉽게 만들 수 있는 반찬이에요. 어묵은 채 썰듯이 얇게 썰어도 좋고, 좀 더 넓게 썰어도 좋아요. 만능 간장의 유자향이 어우러져서 더 상큼한 맛이 나요. 아이 어른 모두 맛있게 먹는 반찬이랍니다.

recipe

1。 그릇에 만능 간장, 생수를 넣고 골고루 섞어서 소스를 만든다.

2。 어묵을 먹기 좋게 자른다(채를 썰어도 좋다). 꽈리고추도 크기에 따라 2~3등분해서 자른다.

어묵조림 만들기

3。 팬에 식용유를 두른 후에 어묵과 꽈리고추를 넣고
   볶다가 1번 소스를 붓고 더 볶는다.

4。 불을 끄고 통깨를 뿌린다.

연근조림

ingredient

연근 200g
식용유 약간
흑설탕(또는 설탕) 2큰술(단맛을 선호하
지 않으면 1큰술)
올리고당 1큰술(물엿으로 대체 가능)
통깨 약간
식용유 약간

소스

만능 간장 4큰술(만능 간장 대체.소스
p.28 참조)
생수 2큰술

TIP

연근의 떫은맛을 제거하는 방법
껍질을 벗겨 씻은 연근을 식초물(식초
2큰술)에 10분 정도 담가 놓은 후, 끓
는 물에 5분간 데치고 찬물로 헹궈주
세요.

연근조림 만들기

시중에서 먹는 연근조림은 항상 너무 짜거나 달았어요. 좀 더 많은 양의 연근을 섭취하고 싶은데, 연근조림 하나로 밥을 한 공기나 다 먹을 수 있다는 게 너무 아쉬웠어요. 이 레시피로 영양 만점인 연근조림을 맛있고 담백하게 더 많은 양을 섭취할 수 있어요. 그리고 레시피가 매우 쉽고 간단하답니다.

recipe

1。 필러를 이용하여 연근의 껍질을 벗기고 깨끗하게 씻는다.
4mm 정도 두께로 자른 후에 식초물에 10분간 담가놓는다.

2

4

2。 끓는 물에 1번의 연근을 5분간 데친 후에 찬물로 헹구
　 어 준비해놓는다.

3。 만능 간장, 생수를 섞어 소스를 만든다.

4。 팬에 식용유를 두르고 연근을 볶다가 3번 소스를 붓고
　 뒤적인다.

5。 설탕과 올리고당을 넣고 약한 불에서 서서히 졸
　　인다.

6。 그릇에 연근을 담고 통깨를 뿌린다.

5

가지볶음

ingredient

가지 2개

만능 간장 3큰술(만능 간장 대체 소스 p.28 참조)

통깨 약간

식용유 약간

고급스러운 밑반찬입니다. 어른 아이 할 것 없이 누구나 극찬하는 가지볶음 황금 레시피를 소개합니다.

recipe _____

1. 가지를 깨끗하게 씻은 후에 먹기 좋은 크기로 자른다.
2. 달군 팬에 식용유를 두르고 가지를 넣고 만능 간장을 두른 후에 볶는다.
3. 마지막에 통깨를 뿌린다.

가지볶음 만들기

이정표 만능 간장으로 만든 밥도둑, 집반찬

토마토달걀볶음

ingredient

방울토마토 1컵(일반 토마토 1개)

달걀 2개

소금 2꼬집

설탕 $\frac{1}{4}$큰술

페페론치노 약간(생략 가능)

타임 약간(생략 가능)

식용유 약간

슈퍼 푸드 토마토를 간단하게 즐길 수 있는 집 반찬입니다. 저는 가끔 아침 식사 대용으로도 만들어 먹어요. 정말 든든하고 맛있답니다.

recipe

1。 방울토마토를 깨끗하게 씻은 후에 반으로 자른다.

2。 달걀물을 만들어 소금, 설탕을 넣고 골고루 섞는다.

토마토달걀볶음
만들기

6

3。 달군 팬에 식용유를 두르고, 방울토마토, 소금을 넣고
   약한 불에서 토마토 물이 나올 때까지 볶는다.

4。 3번의 볶은 토마토를 다른 그릇에 잠시 덜어놓는다(팬
   가장자리로 옮겨도 된다).

5。 2번 달걀물을 달군 팬에 붓고 볶는다(달걀물을 거름망에
   걸러서 넣으면 더 부드럽다).

6。 5번에 4번의 토마토를 넣고 함께 볶는다.

7。 그릇에 볶은 토마토와 달걀을 담고, 페페론치노와 타임
   등으로 토핑한다.

마늘종새우볶음

ingredient

마늘종 150g(자른 마늘종 2컵)

두절새우(건새우, 작은 것) 반 컵

만능 간장 4큰술(만능 간장 대체 소스 p.28 참조)

올리고당 1큰술(설탕으로 대체 가능)

통깨 약간

식용유 약간

만능 간장으로 5분 안에 만들 수 있는 집 반찬입니다. 너무 좋아하는 마늘종을 먹기 좋은 크기로 썰어서 건새우와 함께 볶은 후에 쌀밥 위에 올려 먹으면 건강한 맛의 영양 만점 한 그릇 요리가 된답니다. 저도 가끔 간단한 점심으로 집에서 만들어 먹는 반찬입니다.

recipe

1. 마늘종을 깨끗하게 씻은 후에 3cm 정도 크기로 자른다.
2. 달군 팬에 식용유를 두른 후에 마늘종을 넣고 볶는다.

마늘종새우볶음 만들기

2

3

4

3。 2번에 두절새우를 넣고 볶는다.

4。 3번에 만능 간장, 올리고당을 넣고 좀 더 볶는다.

5。 마지막에 통깨를 뿌린다.

평양냉면집 깔끔한 무채

이경원표 만능 간장으로 만든 밥도둑, 집 반찬

ingredient

무 약 150g

양념
고춧가루 $\frac{1}{3}$큰술
식초 3큰술
소금 1큰술
설탕 1큰술

처음에 함흥냉면으로 시작해서, 이제는 평양냉면 마니아가 되어버렸습니다. 항상 접하던 무 생채와는 달리 평양냉면 집에서 나오는 무생채는 심심하니 새콤 시원하게 맛있더라고요. 바로 집에서 재현해보았습니다. 그런데요, 그 평양냉면집 무생채 맛이 그대로 나는 거예요. 정말 신기했습니다. 김치가 떨어졌을 때 여러분도 만들어 놓고 시원하게 드셔보세요.

recipe _____

1。 무를 깨끗이 씻은 후에 무채를 썬다(채칼을 이용하여 얇고 길게 잘라도 좋다).
2。 볼에 무채, 양념 재료를 모두 넣고 골고루 무친다.
3。 냉장고에 보관하고 하루 지난 후에 먹는다.

평양냉면집 무채 만들기

2

아삭고추 장조림

만능 간장을 많이 만들어 놓으셨다면 멸치육수와 만능 간장의 비율을 7:3으로 넣고 졸여주세요. 세상에서 정말 맛있는 장조림이 완성된답니다. 저는 고기를 다 먹은 후에는 남은 꽈리고추로 밥 한 공기를 다 먹는 것 같아요. 그래서 장조림을 만들 때 꽈리고추도 많이 넣는 편입니다.

ingredient

소고기 사태 600g
멸치육수 1.2L
꽈리고추 1컵
통마늘 10개
청주 $\frac{1}{4}$컵
통후추 1큰술
양조간장 330ml
설탕 $\frac{2}{3}$컵
통깨 약간(생략 가능)

TIP

꽈리고추의 아삭한 맛을 살리려면

용기에 고기와 꽈리고추를 넣고 끓인 뜨거운 육수를 부으면 꽈리고추의 아삭한 맛이 살아납니다.

TIP

더 영양가 있게 먹는 방법

삶은 달걀이나 메추리알을 넣으면 더 영양가 높은 반찬으로 드실 수 있답니다.

recipe

1。 소고기의 핏물을 제거하기 위해 찬물에 30분 정도 담가둔다.

2。 냄비에 통마늘, 고기를 넣고 멸치육수를 부어 끓인다.

3。 끓어오르면 청주와 통후추, 간장, 설탕을 넣고 40~50분
정도 더 끓인다.

4。 용기 안에 3번의 고기와 꽈리고추를 넣고 3번의 뜨거
운 육수를 붓는다.

5。 먹을 때 소량씩 고기를 꺼내 먹기 좋게 찢은 후에 아
삭한 꽈리고추와 함께 그릇에 담는다. 통깨를 조금 뿌
린다.

4

더덕구이

ingredient

더덕 5개
송송 썬 쪽파 약간(생략 가능)
통깨 약간
식용유 약간

양념
고추장 1큰술
올리고당 1큰술
양조간장 반 큰술
다진 마늘 $\frac{1}{4}$큰술
참기름 1큰술

TIP

더덕의 쓴맛을 제거하는 방법

손질한 더덕을 소금물에 담가두면 쓴맛이 제거되고 섬유질은 더 부드러워집니다.

저희 어머니께서 귀한 손님이 오실 때면 자주 해주시던 반찬입니다. 석쇠에 구우면 왜 더 맛있어지는 걸까요. 토치를 이용해서 불 맛을 내주셔도 아주 좋습니다. 몸에 좋은 보양 반찬, 꼭 만들어보세요.

recipe

1. 더덕을 손질한 후에 납작하게 잘라 두들겨서 평평하게 만든다.

3

2。 고추장, 올리고당, 양조간장, 다진 마늘, 참기름
　　을 넣고 골고루 섞어서 양념장을 만든다.

3。 더덕에 2번 양념을 골고루 바른다.

4

4。 석쇠에 더덕을 올리고 약한 불에서 타지 않게 굽
　 는다. 팬에서 구울 때는 식용유를 살짝 두르고
　 굽는다.

5。 그릇에 더덕을 담고 쪽파와 통깨를 뿌린다.

베이컨달걀롤

ingredient

달걀 6개

베이컨 4장

만능 간장 2큰술(만능 간장 대체 소스 p.28 참조)

흑깨 약간(생략 가능)

식용유 약간

방송에서도 화제였던 집 반찬입니다. 어린 조카들부터 어머니까지 정말 좋아해주시는 반찬입니다. 냉장고에 넣어 놓았다가 바로 꺼내 먹어도 맛있는, 영양가 높은 반찬이랍니다.

recipe

1。 달걀 4개를 끓는 물에 삶는다. 취향에 따라 반숙 또는 완숙으로 삶는다.

2。 베이컨으로 삶은 달걀을 잘 감싼다.

3

3。 달걀 2개로 달걀물을 만들고, 2번에 달걀물을
   묻힌다.

4。 달군 팬에 식용유를 두르고 베이컨 끝부분이
   아래로 오게 해서 타지 않게 굽는다. 그래야
   베이컨이 풀리지 않는다. 만능 간장을 뿌리면
   서 굽는다.

5。 알맞게 구운 베이컨달걀롤을 먹기 좋은 크기
   로 잘라서 접시에 담고 흑깨를 조금 뿌린다.

달걀노른자 간장절임

ingredient

달걀노른자 6개

만능 간장 적당량(노른자가 바닥에서 뜰 정
도, 용기 넓이에 따라 간장의 양이 달라집니다.
만능 간장 대체 소스 p.28 참조)

TIP

더 맛있게 먹는 방법과
신선한 달걀 고르기

달걀 표면이 까칠한, 산란일 2일 이내
또는 유정란, 동물복지 달걀을 추천합
니다. 그래야 노른자가 탱글탱글하고
맛있어요.

신선한 달걀의 노른자만 분리해서 만능 간장만 부어주면 바
로 완성되는 초간단 반찬입니다. 밥하기 귀찮을 때, 뜨거운
쌀밥 위에 노른자장과 함께 버터를 조금 넣고 비벼 먹으면
정말 맛있답니다.

recipe

1。 달걀의 노른자만 분리해서 용기에 담는다.

2。 노른자가 터지지 않게 주의하면서, 용기 바닥에서 뜰 정도
만 만능 간장을 붓는다.

3。 냉장고에서 12시간 이상 숙성시킨다. 숙성 후에는 5일 이내에
먹는다.

달걀노른자 간장절임 만들기

이정원표 만능 간장으로 만든 밥도둑, 집 반찬

13 달걀장

ingredient

달걀 4개
만능 간장 적당량(용기에 따라 달걀이 잠길 정도의 양, 만능 간장 대체 소스 p.28 참조)
영양부추 2줄(생략 가능)

TIP

더 맛있게 먹는 방법

기호에 따라 영양부추나 쪽파를 송송
썰어 통깨와 함께 저장해 드셔도 맛있
습니다.

달걀만 삶아놓으면 만능 간장만 부어 간단하게 만들 수 있
는 반찬입니다. 삶은 달걀이니 냉장고에 일주일 이상 두고
먹어도 됩니다. 감칠맛과 담백함이 입맛을 돋우어준답니다.

recipe

1. 달걀을 뜨거운 물에 삶는다. 취향에 따라 완숙 또는 반숙 상
   태로 삶는다.
2. 적당한 용기에 껍질을 벗긴 삶은 달걀을 넣고, 만능 간장을
   달걀이 충분히 잠길 정도로 붓는다.
3. 깨끗이 씻은 영양부추를 위에 올린다.
4. 냉장 보관하고 일주일 이내로 먹는다.

이경혜표 만능 간장으로 만든 밑도둑, 집 반찬

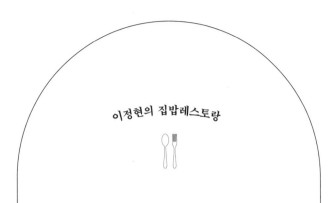

이정현의 집밥레스토랑

이정현표 만능 양념장으로
세상 쉬운 김치와
새콤달콤 피클

01 파김치

ingredient

쪽파 280g(깐 쪽파 2봉지)

소금물(소금 1큰술, 생수 반 컵)

양념

고춧가루 4큰술

까나리액젓 4큰술

설탕 2큰술

다진 양파 3큰술

다진 마늘 $\frac{1}{3}$큰술

생수 4큰술

통깨 반 큰술

TIP

전복파김치

전복을 데쳐서 먹기 좋은 크기로 썰어 김치 양념에 묻혀 함께 올리면 전복 파김치가 됩니다. 전복 철에 한두 개 사다가 데쳐서 김치와 함께 내보세요. 여러분이 바로 대장금이 되십니다.

(전복 손질법은 개인 유튜브 채널 '파김치 오이소박이 편'에 나와 있습니다)

파김치 만들기

김치 담그는 일은 너무나 복잡하고 어려워 보이죠. 어려워 보이는 이유 중 하나는 바로 풀 만드는 과정이 있어서 그런 것 같아요. 그런데 복잡한 일 중 하나인 풀 만드는 과정 없이도 정말 쉽고 간단하게 맛난 김치를 만들 수 있답니다. 어머니에게 비법을 배웠는데요. 어머니가 항상 계량을 '소복하게', '철퍽철퍽하게', '스믈스믈하게' 이렇게 말씀하셔서, 정확한 비율을 정해서 레시피를 완성해보았습니다. 저는 겨울 김장김치가 떨어지면 어머니에게 전수받은 대로 파김치와 오이소박이, 겉절이를 만들어놓고 먹어요.

recipe

1. 쪽파는 다듬어서 흐르는 물에 깨끗하게 씻은 후에 물기를 빼놓는다.

2. 씻어놓은 쪽파에 소금물을 붓고 15~20분간 재워놓는다. 5~10분 정도 지났을 때, 간이 잘 배도록 앞뒤로 뒤집어준다.

2

이경원표 만능 양념장으로 세상 쉬운 김치와 색다른밥상 파틀

4

3。 용기에 고춧가루, 까나리액젓, 설탕, 다진 양파,
　　다진 마늘, 생수를 넣고 섞어서 양념장을 만든다.

4。 절인 쪽파에 3번 양념장을 넣고 버무린다. 마지
　　막에 통깨를 뿌려 완성한다.

오이소박이

ingredient

오이 4개
부추 $\frac{1}{4}$단
소금물(소금 1큰술, 생수 반 컵)
당근 반 개

양념
고춧가루 4큰술
까나리액젓 4큰술
설탕 2큰술
다진 양파 3큰술
다진 마늘 $\frac{1}{3}$큰술
통깨 반 큰술(생략 가능)

TIP

더 맛있는 오이전복김치

전복을 데친 후에 먹기 좋은 크기로
썰어서 양념에 묻혀 함께 올리면 전복
오이소박이가 됩니다.
(전복 손질법은 개인 유튜브 채널 '파김치 오
이소박이 편'에 나와 있습니다)

오이소박이 만들기

김장 김치가 떨어지는 봄부터 여름까지 항상 찾게 되는 오
이소박이입니다. 오이소박이 역시 풀 없이 정말 간단하게
만들 수 있어요. 앞에 파김치 편에서 생수를 빼고 부추, 당
근만 넣으면 완성됩니다. 이 역시 어머니에게 전수받은 비
법입니다. 많이 담가놓으셨다가 날 더워질 때 잘 익은 오이
소박이에 사이다를 섞어서 물국수를 만들어 드셔보세요. 정
말 두말이 필요 없는 별미 국수가 됩니다.

recipe

1. 깨끗하게 씻은 오이를 5cm 크기로 자른다. 가장자리 부분은
   쓴맛이 나므로 잘라낸다. 자른 오이는 깊이 약 $\frac{2}{3}$ 부분 정도
   까지만 십자썰기를 한다.

2。 십자썰기한 오이는 소금물에 약 30분 정도 절인다. 5~10분 정도 지났을 때 간이 골고루 배도록 앞뒤로 뒤집어준다.

3。 깨끗이 씻은 부추는 0.5~1cm 크기로 자른다. 당근도 먹기 좋은 크기로 잘라서 채 썬다.

4。 용기에 고춧가루, 까나리액젓, 설탕, 다진 양파, 다진 마늘, 통깨를 넣고 섞어서 양념장을 만든다. 채 썬 당근, 부추를 넣고 골고루 버무린다.

5。 절여서 물을 뺀 오이에 4번 양념장을 넣고 용기에 차곡차곡 담아 완성한다.

얼갈이배추 겉절이

이경원표 만능 양념장으로 세상 쉬운 김치와 새콤달콤 무침

ingredient

얼갈이배추 300g(약 4~5포기)
소금물(물 100ml, 소금 1큰술)

양념
고춧가루 4큰술
까나리액젓 4큰술
생수 4큰술
설탕 2큰술
다진 양파 3큰술
다진 마늘 $\frac{1}{3}$큰술
통깨 1큰술
식초 1큰술

파김치 양념장에 식초만 한 큰술 추가하시면 됩니다. 김치는 떨어지고 입맛 없을 때 슥슥 비벼 먹으면 밥 한 그릇 뚝딱입니다.

recipe

1。 얼갈이배추의 뿌리를 자르고 깨끗이 씻는다.
2。 얼갈이배추를 소금물에 30분간 절여놓는다. 중간쯤에 간이 잘 배도록 앞뒤로 뒤적인다.
3。 양념 재료를 모두 넣고 겉절이 양념을 만든다.
4。 30분이 지나면 절인 통 안의 소금물을 버리고, 그대로 위의 양념을 넣고 섞어서 잘 버무린다.
5。 마지막에 통깨를 뿌려 완성한다.

얼갈이배추 겉절이 만들기

오이무미니양배추 피클

ingredient

오이 1개

미니양배추 10개

무 $\frac{1}{4}$개

—

생수 300ml(종이컵 2컵)

식초 300ml(종이컵 2컵)

설탕 200ml(종이컵 1컵 반)

소금 2큰술

만능 간장 3~4큰술(생략 가능)

피클링스파이스 1큰술

월계수 잎 1~2장

레몬 슬라이스 1~2개(생략 가능)

채 썬 레몬 껍질 약간(생략 가능)

타임 1~2줄(생략 가능)

레몬즙 1큰술(생략 가능)

TIP

다양한 피클 만들기

1. 양배추, 깻잎, 비트, 브로콜리, 파프리카, 당근, 통마늘 등 어떤 재료든 좋습니다. 또는 양배추와 브로콜리처럼 섞어서 만들어도 좋습니다.

2. 비트 또는 보라색 양배추를 넣으면 연한 보랏빛 피클이 됩니다.

3. 취향에 따라 만능 간장을 추가로 넣어도 좋습니다.

깨끗이 씻은 채소에 뜨거운 피클 육수를 부으면 채소의 식감이 아삭해집니다. 일반 피클이 질리셨다면 만능 간장이나 양조간장을 추가해서 드셔보세요. 좀 더 색다른 피클 맛을 즐길 수 있습니다.

recipe

1. 오이와 무는 깨끗이 씻어서 먹기 좋은 크기로 썰어 미니양배추와 함께 용기에 담는다.

2。 베이킹소다 또는 식초물로 깨끗이 씻은 레몬을 채 썰
어서 함께 넣는다. 레몬 슬라이스도 한두 개 넣는다.

3。 냄비에 생수, 식초, 설탕, 소금을 넣고 끓이다가 만능
간장, 월계수 잎, 피클링스파이스를 넣고 끓인다.

4。 뜨거운 상태의 3번을 채소 용기에 붓고 타임을 넣은 후
에 레몬즙을 살짝 뿌린다.

3

4

4

풋고추 간장피클

ingredient

풋고추 100g(약 8~10개)
생수 150ml(종이컵 1컵)
식초 150ml(종이컵 1컵)
설탕 100ml
소금 2큰술
양조간장 2큰술
피클링스파이스 $\frac{1}{3}$큰술

TIP

청양고추 피클 추천
매운맛을 선호하시면 청양고추로 담가
도 좋아요.

일반 피클이 질리셨다면, 간장피클을 만들어보세요. 나중
에 고추를 송송 잘라 만능 양념장(p.59 참조)에 버무리면 맛
있는 고추장아찌가 됩니다. 저는 주로 서양 파스타를 먹을
때 한 개씩 꺼내 먹어요. 깔끔하고 매콤한 맛은 모든 음식
을 질리지 않고, 맛있게 먹을 수 있게 도와주는 보조 역할
을 아주 톡톡히 해냅니다.

recipe ————————————

1。 냄비에 생수, 식초, 설탕, 소금, 피클링스파이스, 간장을 넣고
  끓인다.

2

2。 깨끗이 씻은 풋고추를 용기에 담는다.

3。 2번에 뜨거운 피클 육수를 붓는다(뜨거울 때 넣으면 고추의 아삭한 식감을 즐길 수 있습니다).

4。 식힌 후에 냉장 보관하고, 2~3일 이후부터 먹는다.

유자레몬무 피클

ingredient

무 약 400g
유자청 2큰술
소금물(생수 100ml, 소금 1큰술)
식초 3큰술

가끔 스시 집에서 식사를 하면 절인 무가 나오는데요, 유자향이 솔솔 나는 게 정말 맛있더라고요. 집에서 바로 유자청을 이용해 담가봤는데요, 똑같은 맛이 납니다. 이렇게 유자무를 담가놓으시면요, 치킨, 카레, 파스타 등과 함께 드셔도 정말 맛있고요. 어린아이들부터 어르신들까지 정말 좋아하는 피클 요리가 된답니다. 절인 무만 있다면 담그는 시간은 10초도 안 걸려요. 여러분들도 당장 만들어보세요. 냉장고 효자 반찬이 따로 없답니다.

recipe

1. 잘게 썬 무를 소금물에 약 20분간 절인다.
2. 절인 무에 생긴 물은 버리고, 유자청과 식초를 넣고 버무린다.
3. 냉장고에 보관하고 2~3일 후에 먹는다.

유자레몬무 피클 만들기

달걀노른자 절임

방송에서도 보여드렸는데요. 만들어놓으시면 어란처럼 여러 군데 이용할 수도 있고, 요리 위에 그레이터를 이용해 뿌리면 근사한 고급 레스토랑 요리처럼 풍미를 살려주어서 홀 트러플을 대신할 수 있는 재료로서 역할을 한답니다. 볶음밥이나 파스타 위에 뿌려 드시거나, 술 안주로 내놓아도 정말 좋아요. 만드는 시간은 5분도 채 안 걸리니 집에서 간단하게 만들어보세요.

ingredient

달걀노른자 8개(산란일 2일 이내의 신선한 달걀)
굵은소금 2컵
백설탕 2컵

TIP

남은 달걀흰자와 달걀 껍데기 활용법

남은 달걀흰자는 따로 모아서 오믈렛을 만들어 드시거나 보관 시기가 오래되었다면 얼굴 팩으로 이용해보세요. 남은 달걀 껍데기는 화분에 비료로 활용해도 좋답니다. 달걀은 정말 버릴 것이 하나 없는 유용한 재료예요.

recipe

1. 용기에 굵은소금 1컵, 설탕 1컵을 넣고 잘 섞은 후에 평평하게 만든다.

달걀노른자 절임 만들기

이정현표 만능 양념장으로 세상 쉬운 김치와 새콤달콤 피클

2

3

4

2。 숟가락으로 노른자가 안착할 공간을 눌러서 만들어놓는다.

3。 달걀노른자가 터지지 않게 주의하면서 2번 공간에 올린다.

4。 굵은소금과 설탕을 섞은 후에 노른자가 터지지 않도록 주의하면서 윗부분까지 살살 덮는다.

5。 하루 이상 숙성(3일 이상 추천)시킨 후에 겉면이 단단해지면 물에 씻어서 슬라이스 등으로 사용한다.

6。 냉장 보관 시에는 일주일 이내에 섭취해야 한다.

5

이정현의 집밥레스토랑

사랑하는 가족을 위한
소박하지만 우아한
호텔 조식

| 한식 | 일식 | 양식 |

만능 간장 참나물 달걀죽

ingredient

만능 간장 3큰술(양조간장 2큰술로 대체 가능)
참나물 약간
멸치육수 2컵(380ml)
쌀밥 반 공기
달걀 1개
레몬즙 1큰술(생략 가능)

TIP

더 맛있게 먹는 방법

달걀노른자 1개에 레몬즙 반 큰술을 넣고, 차조기 잎, 매실절임 등을 올려서 함께 드시면 더 맛있습니다. 또한 차조기 잎과 매실이 자연 소화제 역할도 해줍니다.

10년 전 한참 해외활동을 할 때, 비행기를 너무 많이 타고 다니고 스케줄도 정말 많아서 툭하면 몸살이 나곤 했어요. 그때 유명한 일본 샤브샤브 집을 방문했는데 그곳 셰프님께서 죽을 만들어주셨어요. 달걀노른자를 풀어 몸에 좋은 매실절임에 참나물 향이 솔솔 나는 담백한 죽을 먹으니 몸살 기운이 싹 사라지더라고요. 그 맛을 잊지 못해 한국에 돌아와서 차조기 잎과 함께 매실을 담가보기 시작했어요. 요즘에도 자주 만들어 먹는답니다. 어린 조카들이 몸살 기운 있을 때도 가끔 만들어주면 순식간에 한 그릇 뚝딱입니다. 멸치육수와 밥만 준비된다면 계란을 풀어 5분 안에 완성되는 죽입니다. 여러분도 따뜻하게 한 그릇 만들어 드세요.

recipe

1. 냄비에 멸치육수를 붓고 쌀밥을 넣은 후에 끓인다.
2. 만능 간장과 달걀물을 만들어 붓고 끓인다.
3. 먹기 직전에 레몬즙을 뿌리고, 깨끗하게 씻어둔 참나물을 얹는다.

2

달걀죽 만들기

김치볶음

만들어놓으면 효자 밥도둑이 되지요. 가끔 해외 나갈 때면 미리 만들어서 사발면과 함께 가방 안에 꼭 챙겨가는 저의 보물 아이템입니다.

ingredient

신 김치 1컵
멸치육수 1컵
양파 반 개
설탕 3큰술
다진 마늘 약간
김치 국물 약간
고춧가루 약간
참기름 1큰술
통깨 약간
식용유 약간

recipe

1。 신 김치와 양파는 먹기 좋은 크기로 자른다.
2。 달군 팬에 식용유를 두르고 신 김치, 양파, 설탕, 다진 마늘, 김치 국물, 고춧가루를 넣고 볶는다.
3。 마지막에 참기름을 두르고 볶다가 멸치육수 1컵을 붓고 조린다.
4。 먹기 직전에 통깨를 뿌린다.

김치볶음 만들기

사랑하는 가족을 위한 소박하지만 우아한 호텔 조식

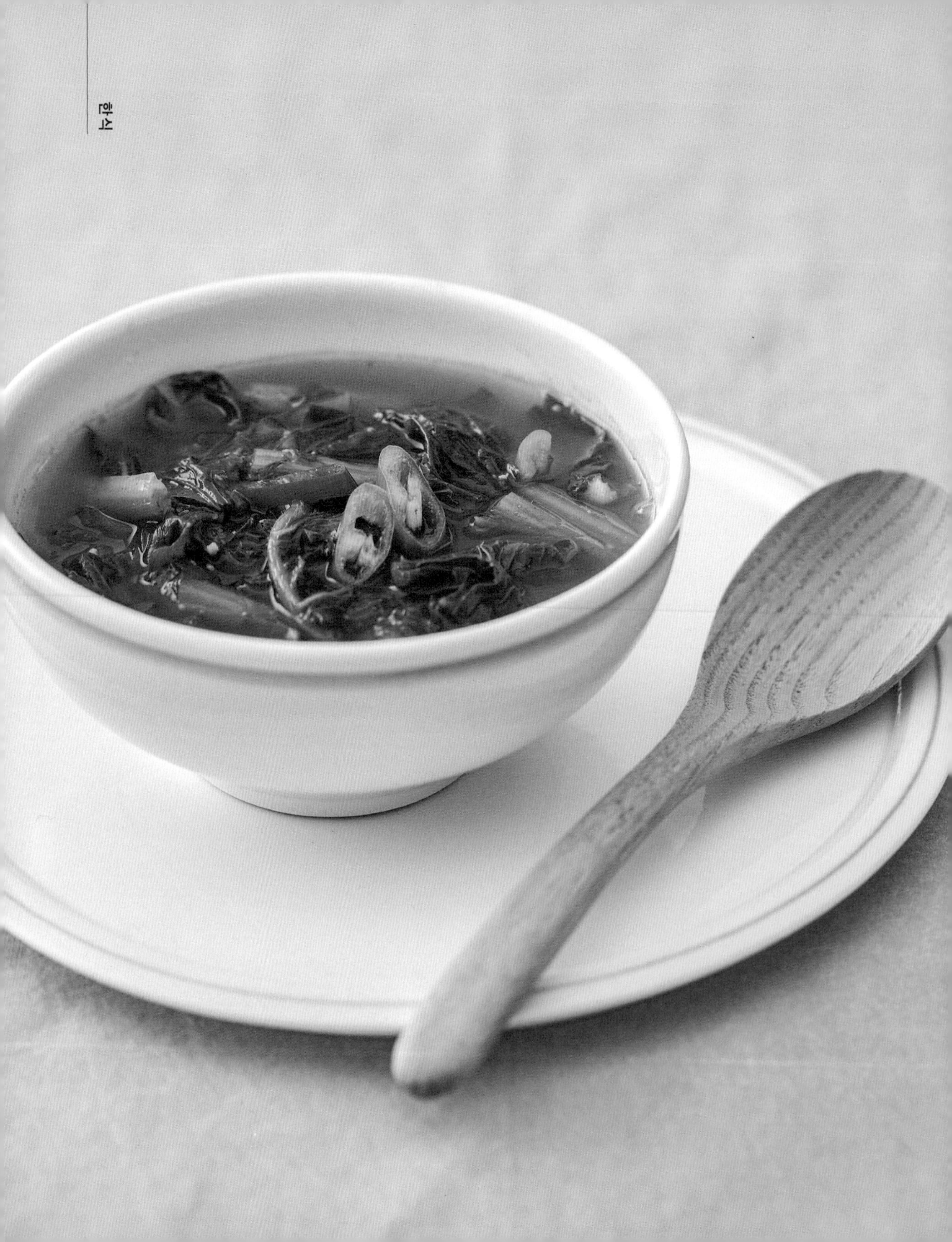

시래기된장국

곤드레 나물과 함께 무청 시래기 등을 항상 집에 쟁여놨다가 가끔 생각날 때 푹 삶아 된장을 풀고 끓여 먹어요. 좀 더 건강하게 드시고 싶다면 사태를 삶아서 찢은 후 함께 드셔도 정말 맛있습니다.

ingredient

불린 시래기 2컵
된장 3큰술
멸치육수 1.8L
고춧가루 1큰술
멸치액젓 1큰술
다진 마늘 1큰술
청홍고추 반 개씩
들기름 1큰술

recipe

1. 불린 시래기를 냄비에 넣고 15분간 삶는다.
2. 삶은 시래기를 먹기 좋은 크기로 자른다.

2

사랑하는 가족을 위한 소박하지만 우아한 호텔 조식

3

3

3

3。 볼에 시래기를 담고 된장, 고춧가루, 멸치액젓,
　　다진 마늘, 들기름을 넣고 조물조물 무친다.

4。 무친 시래기는 달군 팬에 넣고 살짝 볶는다.

5。 멸치육수를 붓고 끓인다.

6。 마지막에 청홍고추를 썰어서 올린다.

고등어구이

ingredient

고등어 1마리

건조한 바질 1꼬집(생략 가능)

다진 마늘 반 큰술

고춧가루 약간

다진 파 약간

청주 1큰술(소주나 맛술로 대체 가능)

소금 1꼬집

후추 약간

레몬즙(생략 가능)

타임(생략 가능)

식용유 약간

어떻게 해서 먹어도 맛있는 고등어지만, 이렇게 요리해서 내놓으면 더 향긋하고 담백해서 먹는 사람도 기분 좋게 식사를 합니다. 마치 고급 호텔에서 먹는 생선 요리처럼요.

recipe

1. 고등어를 잘 씻어 물기를 제거한다.

2. 바질과 다진 마늘, 고춧가루, 다진 파를 섞어 고등어 위에 바르고, 청주를 뿌린다.

3. 소금과 후추를 약간 뿌리고, 팬에 식용유를 두르고 고등어를 넣고 중약 불에서 노릇하게 굽는다.

4. 먹기 직전에 레몬즙을 뿌린다. 타임 등 허브로 토핑을 해도 좋다.

209

"2000년대 중반 한참 해외활동을 할 때
숙소인 호텔에서 아침마다
동서양 조식이 나왔어요.
풀 스케줄로 언제나 피곤한 몸으로
일어났다가도 조식 상을 보면,
순간 피로가 싹 사라지더라고요.
요즘에도 가끔 사랑하는 가족에게
조식 상을 차려줍니다.
아끼고 사랑하는 분들이 맛있게 먹는
모습을 보면 세상 무엇과도 비교할 수 없는
행복감이 밀려온답니다."

다시마청주밥

ingredient

다시마 5장(5×5cm)

쌀 2컵

생수 2컵

청주 1큰술

설탕 1큰술(단맛을 선호하지 않으면 생략
해주세요)

밥을 안치기 전에 건다시마와 청주 한 큰술만 넣으면 쉽게
완성돼요. 정말 간단한데 이렇게 해서 밥을 내놓으면 드시
는 분들이 매우 감동한답니다.

recipe

1。 쌀 2컵에 생수 2컵을 붓는다.

2。 다시마와 청주, 설탕을 넣고 30분간 불린 후에 취사를 누른다.

일식 된장국(미소 된장국)

ingredient

일식 된장(미소) 3큰술
멸치육수 1L
불린 미역 반 컵
백만송이버섯 1컵(생략 가능)
두부 반 모
가다랑어포 1컵
쪽파 약간(생략 가능)

육수에 일식 된장만 풀면 정말 쉽게 완성돼요. 거기에 불린 미역이나 버섯 등을 함께 끓이면 근사하고 맛있는 일식 된장국이 완성된답니다.

recipe

1. 냄비에 멸치육수를 붓고, 일식 된장을 체에 걸러 부드럽게 풀어준다.

2. 불린 미역을 1번에 넣고 끓인다.

3. 두부는 먹기 좋은 크기로 자른다. 백만송이버섯도 깨끗이 씻어서 준비한다.

4. 한 번 더 끓어오르면 2번에 두부, 백만송이버섯을 넣고 좀 더 끓인다.

5. 불을 끄고 거름망에 가다랑어포를 넣어 담갔다가 건져낸다. 가다랑어포 향이 밸 정도면 된다.

6. 그릇에 된장국을 담고 쪽파를 토핑해 완성한다.

03

찜솥 달걀찜

ingredient

체에 거른 달걀물 반 컵

다시마물 반 컵

가다랑어포 반 컵

소금 2꼬집

당근 한쪽(생략 가능)

표고버섯 슬라이스 한쪽(생략 가능)

쑥갓 1줄(생략 가능)

흑깨 약간(생략 가능)

필요한 도구

도자기 그릇(찜기로 이용 가능한 그릇)

거름망

찜솥

가끔 달걀을 체에 걸러 찜기에 쪄서 내놓으면 색다르고 맛
있는 달걀찜이 완성돼요. 손이 좀 많이 가지만, 특별한 날
혹은 아이 이유식 등으로 만들어주면 정말 잘 먹는답니다.
쑥갓이나 당근, 어묵 등으로 예쁘게 모양을 내서 내놓아보
세요. 식사 시간이 한층 더 행복해져요.

recipe

1. 냄비에 다시마물을 넣고 끓인다.

2. 다시마물이 끓으면 거름망에 가다랑어포를 넣었다가 향이
   나면 건져낸다.

3. 찜기로 사용 가능한 그릇에 다시마물과 달걀물, 소금을 넣고
   거품기로 잘 섞는다.

사랑하는 가족을 위한 소박하지만 우아한 호텔 조식

217

4。 도자기 그릇을 찜기에 올린 후에 뚜껑을 닫고 중약 불
에서 찐다.

5。 당근을 1mm 두께로 자른 뒤 별 또는 꽃 모양 칼로 모
양을 낸다(작은 쿠키틀이 있으면 사용해도 좋다). 쑥갓은 이
파리 윗부분만 잘라낸다. 표고버섯도 예쁘게 모양을 내
거나 한 개 정도만 작게 잘라둔다.

6。 어느 정도 달걀이 익으면 위에 준비한 당근과
　　버섯, 쑥갓, 흑깨(생략 가능)를 올리고 모양을 만
　　든다.

7。 뚜껑을 덮고 익힌다.

일식 된장 비막치어(메로) 구이

어떻게 구워도 맛있는 생선이지만 일식 된장을 발라서 구우면 풍미가 더욱 살아납니다. 정말 호텔 조식 부럽지 않아요.

ingredient

비막치어(메로) 100g

일식 된장(미소) 1큰술

올리고당 1큰술(설탕으로 대체 가능)

만능 간장 1큰술(만능 간장 대체 소스 p.28 참조)

식용유 약간

recipe _____

1。 일식 된장에 올리고당 1큰술과 만능 간장 1큰술을 넣고 잘 섞어서 소스를 만든다.

2。 물기를 제거한 메로에 1번 소스를 골고루 바른다.

3。 달군 팬에 식용유를 두르고 비막치어를 넣고 노릇노릇하게 굽는다.

사랑하는 가족을 위한 소박하지만 우아한 호텔 조식

"사랑하는 가족을 위해 호텔 조식 같은
특별한 상차림을 차려보는 건 어떠세요.
사랑하는 누군가를 위해 밥상을 준비하는 동안
그 손길과 마음도 풍성해진답니다."

오믈렛&바질 감자
토마토볶음&소시지구이

각 나라의 서양식 조식을 먹어보고 따라해본 오믈렛과 사이드 음식입니다. 주말 아침에 가끔 이렇게 만들어 먹으면 마치 여행을 온 듯한 느낌이 들면서 여유로운 한 주를 시작하게 된답니다.

ingredient

달걀 4개
우유 3큰술
다진 양파 1큰술
다진 송이버섯 1큰술
다진 토마토 2큰술
설탕 $\frac{1}{4}$큰술
소금 4꼬집
건조 바질가루 1꼬집
건조 마늘가루 1꼬집
식용유 약간

recipe

1. 달걀을 풀어서 체에 거른다.

2. 1번에 우유, 다진 양파 , 다진 송이버섯, 다진 토마토, 설탕, 소금, 건조 바질가루, 건조 마늘가루를 넣고 거품기로 섞는다.

3. 팬에 기름을 두르고 2번 달걀
   물을 붓고, 중약 불에서 익힌다.

4. 어느 정도 익으면 예쁜 모양으
   로 접는다.

5. 마지막에 후추를 뿌리고 허브
   가 있다면 함께 올려 완성한다.

●바질감자토마토볶음

ingredient

감자 1개

방울토마토 5개

바질가루 1꼬집(생략 가능)

건조 마늘가루 2꼬집(생략 가능)

소금 3꼬집

후추 1꼬집

식용유 약간

케첩 약간

recipe

1。 감자를 씻어서 껍질을 벗긴 후에 먹기 좋은 크기로 자른다. 냄비에 감자를 넣고 설익을 정도로 찐다. 방울토마토는 깨끗이 씻어서 반으로 자른다.

2。 달군 팬에 설익은 감자를 넣은 후에 바질가루, 건조 마늘가루, 소금, 후추를 넣고 볶는다.

3。 달군 팬에 방울토마토와 소금을 넣고 볶는다.

4。 그릇에 볶은 감자와 방울토마토를 함께 담고 케첩과 함께 낸다.

●소시지구이

ingredient

양장 소시지

물

recipe

1。 양장 소시지는 뜨거운 물에 데친다.

2。 그릇에 먹기 좋게 담는다.

프렌치토스트

사랑하는 가족을 위한 소박하지만 우아한 호텔 조식

ingredient

식빵 2장(통식빵이나 두껍게 자른 식빵 추천)

달걀 2개

소금 1꼬집

설탕 $\frac{1}{3}$큰술

우유 100ml

버터 약간

바나나 1개(생략 가능)

으깬 견과류 약간(생략 가능)

블루베리, 라즈베리 약간(생략 가능)

단풍시럽 약간

계피가루 약간(생략 가능)

식빵과 달걀만 있으면 간단히 만들 수 있는 아침 식사입니다. 좋아하는 과일(바나나, 블루베리, 라즈베리 등)을 함께 토핑해서 먹으면 더 맛있어요. 바나나는 그냥 먹어도 좋지만, 팬에 살짝 구워서 드셔 보세요. 으깬 견과류도 함께 곁들이면 건강한 한 끼 식사가 됩니다.

recipe

1. 달걀물에 소금, 설탕을 넣고 섞는다. 우유도 따로 준비해놓는다.

2. 달군 팬에 버터를 녹이고 식빵을 우유에 묻힌 후 달걀물을 묻혀서 노릇노릇하게 굽는다.

3. 바나나는 먹기 좋은 크기로 잘라서 팬에 굽는다.

4. 그릇에 구운 식빵을 담고 구운 바나나를 올린다. 블루베리, 라즈베리, 으깬 견과류를 조금씩 올리고, 단풍시럽, 계피가루로 토핑한다.

프렌치토스트 만들기

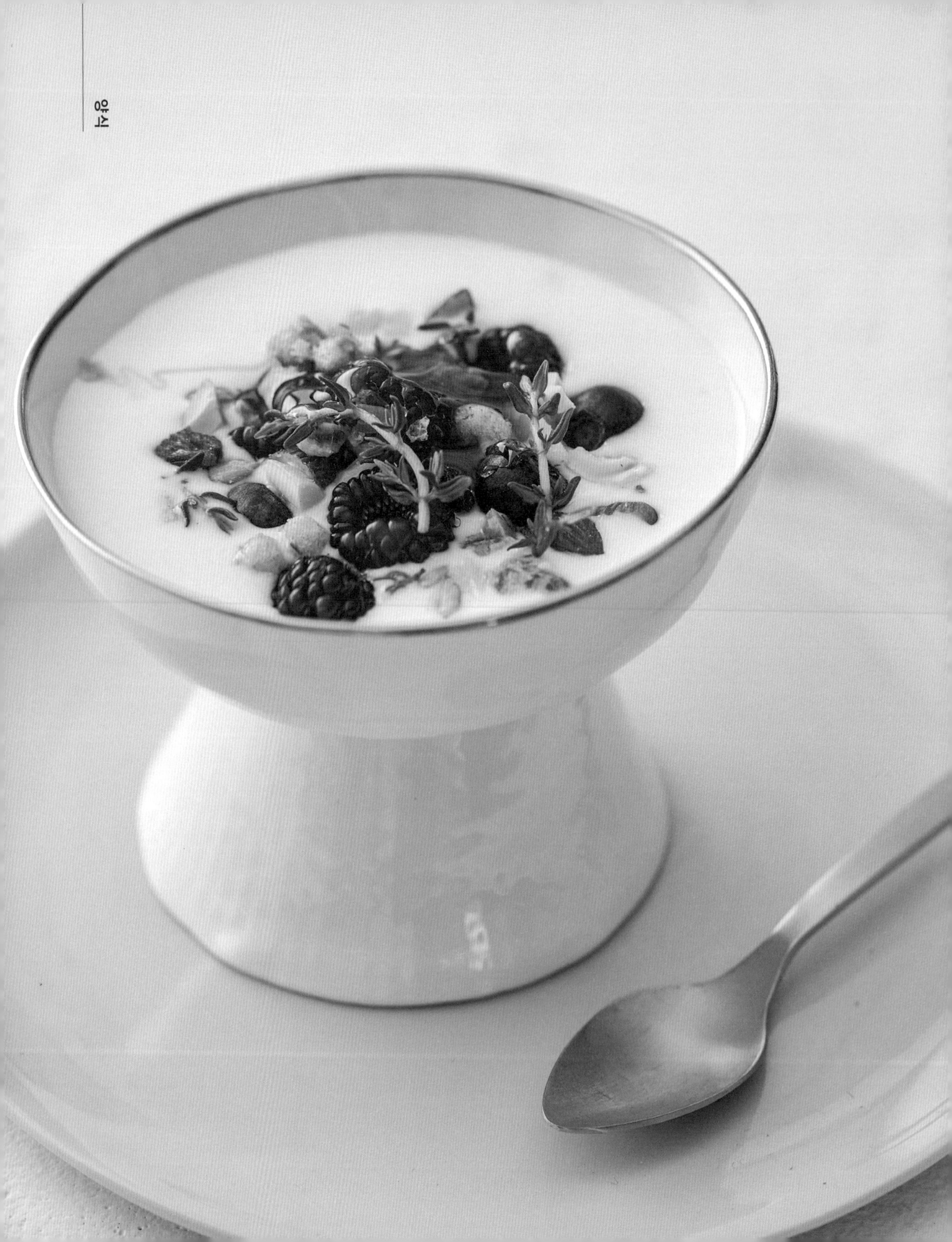

과일 요거트

ingredient

블루베리, 라즈베리 약간(어느 과일이든 가능)

요거트 1컵(취향대로 양 조절 가능)

콘플레이크 2큰술(취향대로 양 조절 가능)

견과류 약간

꿀 3큰술

플레인 요거트에 각종 과일과 견과류로 살짝 장식만 해서 올리면 영양가도 높으면서 정말 맛있는 후식이 됩니다. 마음에 드시는 과일을 골라 예쁘게 만들어 드세요. 덩달아 기분까지 좋아진답니다.

recipe _____

1. 컵에 요거트를 담고, 그 위에 블루베리와 라즈베리를 얹는다.

2. 콘플레이크나 견과류를 뿌린다.

3. 마지막에 꿀을 넣어 완성한다.

사랑하는 가족을 위한 소박하지만 우아한 호텔 조식

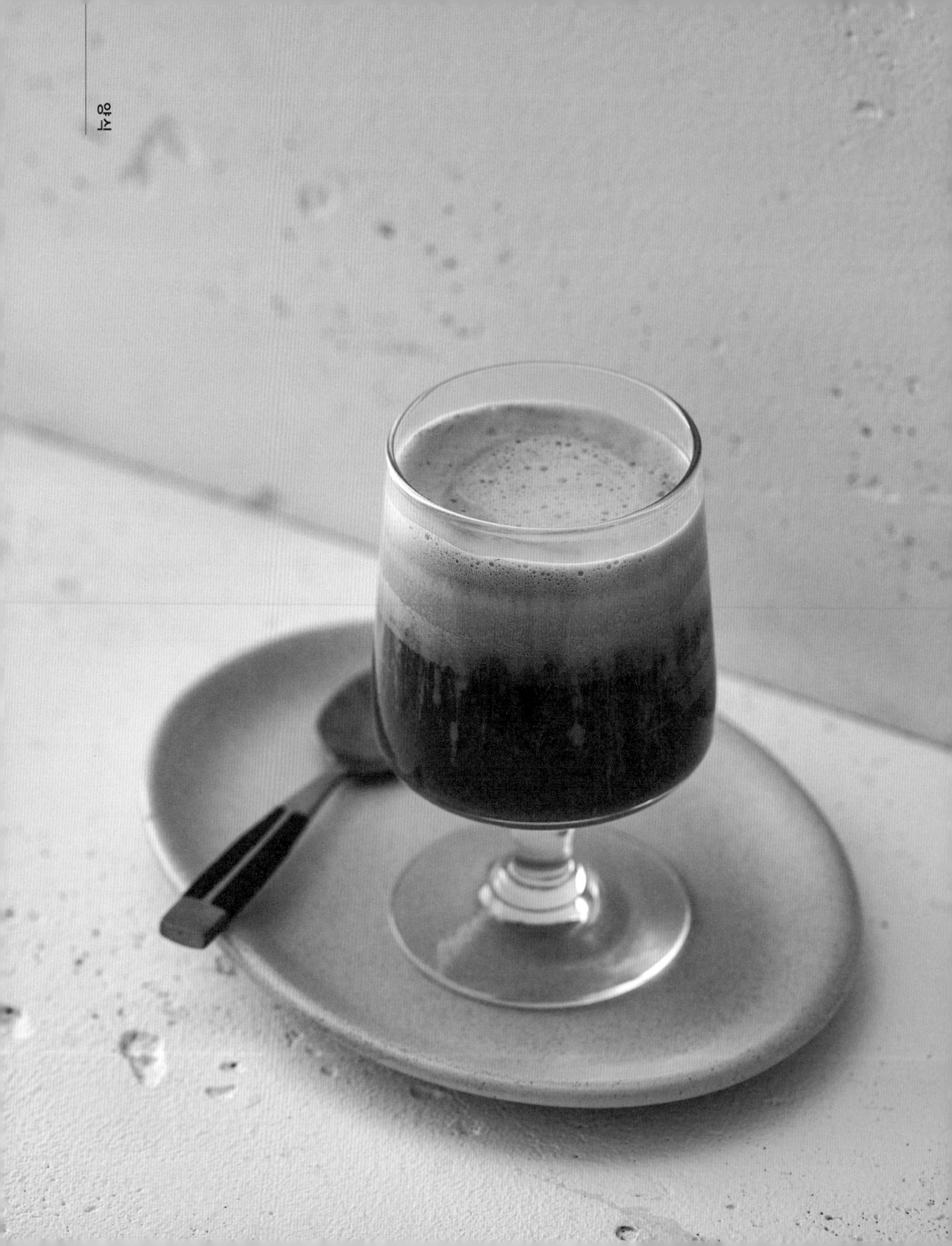

에그노그 커피

방송에서도 보여드렸던 에그노그 커피입니다. 만드는 방법이 너무 간단한데 정말 맛있어서 화제가 되었지요. 달걀노른자에 설탕을 넣고 거품기로 커스터드 크림이 될 때까지 섞은 후에 아메리카노 커피 위에 올려 마시면 됩니다. 지금 당장 만들어보세요. 정말 맛있습니다.

ingredient

달걀노른자 2개
설탕 2큰술
아메리카노 $\frac{2}{3}$컵
코코아파우더(또는 계피가루) 약간
—
거품기

TIP

더 쉽게 만드는 방법
자동거품기를 이용하면 커스터드 크림을 손쉽게 만들 수 있습니다.

recipe ───────────

1. 용기에 달걀노른자와 설탕을 넣고 거품기로 커스터드 크림이 될 때까지 골고루 섞는다.
2. 아메리카노를 컵에 채운다. 커피 위에 1번 크림을 얹고 코코아파우더를 약간 뿌려 완성한다.

"가끔은 호텔 조식처럼
토스트, 오믈렛, 소시지와
채소 샐러드를 곁들여 드셔보세요.
마치 여행지에서
상쾌한 아침을 맞이하는 듯한
기분이 든답니다."

이정현의 집밥레스토랑

친구, 가족, 연인과 함께해서
더 행복한 브런치

01 가지 샐러드

ingredient

가지 1개

만능 간장 2큰술(만능 간장 대체 소스
p.28 참조)

단풍시럽 3큰술

고트 치즈 1큰술

애플민트 이파리 약 15장

후추 약간

올리브유 약간

방송에서도 보여드렸던 샐러드입니다. 친한 친구들과 유명 맛집을 방문해서 이 샐러드를 먹었는데요. 똑같이 재현해봤어요. 맛이 정말 똑같아서 친구들도 놀라고 이 샐러드를 만드셨던 셰프님도 놀라셨답니다. 가지 샐러드, 정말 쉽고요. 모양도 예뻐서 이 요리를 내놓으면 점수 만점이랍니다. 당장 만들어보세요.

recipe

1。 깨끗이 씻은 가지를 적당한 크기로 자른 후에 다시 반으로 자른다.

239

5

2。 달군 팬에 올리브유를 두르고 가지를 넣는다.

3。 가지 안쪽 부분에 만능 간장을 바르고 뚜껑을
닫아 익힌다.

4。 노릇하게 구워지면 가지를 그릇에 담고 단풍시
럽을 바른다.

5。 고트 치즈를 조금씩 떼서 올리고 후추를 약긴
뿌린 후에 애플민트로 토핑한다.

241

애호박 듬뿍 훈제연어
에그베네딕트

에그베네딕트를 처음 먹어보고 당장 집에서 만들어보고 싶었어요. 냉장고 안에 훈제 연어는 있었는데 채소가 애호박밖에 없었어요. 필러로 호박을 깎아서 예쁘게 모양을 내고 건조 마늘가루, 소금과 함께 볶은 후에 그 위에 연어와 수란을 올렸더니 더 맛있는 에그베네딕트가 완성되더라고요. 방송에서도 보셨듯이 연어가 없다면 남은 치킨 살이나 다른 고기 등과 함께 드셔도 맛있습니다. 혹시 홀렌다이즈 소스 만들기가 귀찮다면 수란을 터트려 레몬즙만 살짝 뿌려도 비슷한 맛을 느낄 수 있답니다.

친구, 가족, 연인과 함께해서 더 행복한 브런치

ingredient

수란 만들기
달걀 1개
생수 1.5L
굵은소금 1큰술
식초 1큰술

—

애호박 1개
훈제연어 적당량
건조 마늘가루(다진 마늘로 대체 가능) 약간
건조 바질가루(생략 가능) 약간
소금 3꼬집
후추 약간
식용유 약간

—

깜빠뉴빵 한 쪽(식빵이나 호밀빵도 가능)
올리브유 3큰술
다진 쪽파 1큰술(생략 가능)
케이퍼 5개(생략 가능)

홀렌다이즈 소스
달걀노른자 2개
버터 1조각
레몬즙 $\frac{1}{4}$큰술
소금 1꼬집

recipe

1. 애호박은 필러를 이용해 위에서 아래로 길게 슬라이스한다. 필러가 없을 경우에는 넓고 얇게 채 썰듯이 크게 자른다.

애호박 듬뿍 훈제연어
에그베네딕트 만들기

243

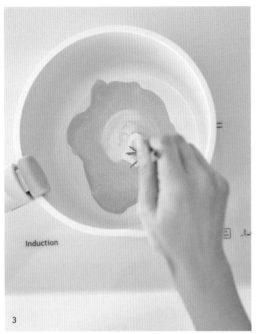

2。 냄비의 물이 끓는 동안 팬에 식용유를 두르고, 애호박을 넣고 건조 마늘가루, 바질가루, 소금, 후추를 넣고 볶는다.

3。 홀렌다이즈 소스를 준비한다. 작은 냄비에 달걀노른자와 버터를 넣고 약한 불에서 녹인다. 잘 녹으면 불을 끄고 레몬즙과 소금을 넣고 잘 저어준다.

4。 달군 팬에 올리브유를 두르고 빵을 노릇하고 단단하게 굽는다.

5。 냄비의 물이 끓어오르면 약한 불로 줄이고 끓기 직전 상태를 만든다. 소금과 식초를 넣고, 국자나 큰 숟가락으로 가운데 회오리를 만든다. 그 안에 생달걀을 깨트려 넣는다. 건지개나 숟가락을 이용해 조심스레 수란을 건져낸다 (p.245 참조).

6。 접시에 빵을 담고 볶은 애호박을 올린다. 그 위에 훈제연어와 수란을 올린다. 홀렌다이즈 소스를 뿌리고 케이퍼, 다진 쪽파, 후추를 뿌린다.

TIP

수란을 쉽게 잘 만드는 방법

1. 냄비에 $\frac{2}{3}$ 이상 물을 채우고 소금 1큰술, 식초 1큰술을 넣고 데웁니다. 물이 끓기 직전에 국자로 회오리를 만들어요. 그 안에 생달걀을 노른자가 터지지 않게 주의하면서 깨뜨려 넣습니다. 약 2분 정도 후에 건지면 수란이 완성됩니다.

2. 약한 불로 물을 데운 후에 불을 끄고 물이 따뜻한 상태에서 만들어야 합니다. 물이 너무 뜨거우면 달걀이 완전히 익을 수 있으므로 주의하세요.

245

시금치피자

ingredient

시금치 한 줌
토르티야 1장
마요네즈 반 큰술
요거트 1큰술
방울토마토 5개
으깬 견과류 약간
다진 마늘 반 큰술
다진 양파 반 큰술
바질가루 1꼬집
소금 2꼬집
후추 약간(생략 가능)
피자치즈 55g 이상
올리브오일 약간
트러플 오일 약간

슈퍼 푸드 중 하나인 시금치는 생식으로 먹으면 건강에 더 좋다고 하더라고요. 한참 시금치 빵이라고 토르티야 피자에 생시금치를 올린 빵이 유행을 했었어요. 어느 맛집에서 먹어본 후 그 맛을 잊을 수 없어서 집에서 만들어봤어요. 똑같은 레시피는 아니겠지만, 정말 맛있는 것 같아요. 풍성하게 올려진 시금치 위에 트러플 오일을 뿌려 내놓으면 먹는 이들의 입에서 탄성이 나옵니다. 정말 담백하고 건강한 한 끼입니다. 친언니와 친구들에게 제가 만들어준 음식 중 그들의 최애 메뉴이기도 합니다.

recipe

1. 토르티야 위에 마요네즈와 요거트를 고루 펴 바른다.
2. 방울토마토는 깨끗이 씻어서 반으로 자른다.
3. 1번에 다진 마늘을 골고루 묻히고, 방울토마토를 올린 후에 다진 양파, 바질가루, 으깬 견과류, 올리브오일, 소금, 후추를 뿌린다.

시금치피자 만들기

247

4

5

6

4。 3번에 피자치즈를 올리고 180도로 예열한 오븐
에서 10~15분간 굽는다.

5。 시금치는 깨끗하게 씻은 후에 물기를 제거하고
먹기 좋은 크기로 자른다.

6。 노릇하게 구워진 토르티야를 꺼내서 그릇에 담
고 시금치를 올린다. 트러플 오일과 으깬 견과
류로 토핑한다.

명란오일 파스타

ingredient

저염 명란 1개(일반 명란인 경우에는 면 데치는 물에 소금 반 큰술 정도만 넣으세요)

올리브오일 $\frac{1}{3}$컵

다진 마늘 $\frac{1}{4}$큰술

건조 마늘가루 2큰술

그라나파다노 치즈가루 반 컵

페페론치노 약간

다진 쪽파 약간(생략 가능)

—

파스타 면 1인분

생수 3L

소금 1큰술

TIP

더 맛있게 먹는 방법

마늘종 세 줄기를 송송 썰어 명란과 마늘을 볶는 팬에 함께 넣고 익힌 다음 면 위에 듬뿍 뿌려주면 더 맛있습니다.

TIP

파스타 면 삶기

p.33 참조

명란오일파스타 만들기

저희 집에 지인들을 초대할 때 제가 코스로 꼭 내는 시그니처 요리 중 하나입니다. 많은 이들이 한번 맛을 보면 갑자기 계산하려 카드를 꺼내 든답니다. 제가 여러 해 동안 만들면서 정리한 레시피입니다. 친구와 지인들도 레스토랑 부럽지 않게 맛있다고 합니다. 저의 비밀병기를 소개합니다.

recipe

1. 냄비에 생수를 넣고 끓으면 소금을 넣고, 파스타 면을 약 7~8분간 알덴테로 삶는다.

2. 저염 명란은 껍데기를 제거하고 알만 준비한다.

2

3

3. 달군 팬에 올리브오일을 두르고, 약한 불로 줄
   인 후에 다진 마늘, 명란을 넣고 익힌다.

4. 명란이 하얗게 익어가면 건조 마늘가루, 그라나
   파다노 치즈가루를 넣고 페페론치노를 약간 뿌
   린다. 페페론치노는 금방 타기 때문에 반드시
   마지막에 넣는다.

3

5。 익은 파스타 면을 4번에 넣은 후에 면수 한 국
자를 붓고 함께 볶아서 익힌다.

6。 그릇에 파스타를 담고, 다진 쪽파로 토핑한다.

참나물 굴 오일 파스타

방송에서도 보여드렸던 요리입니다. 바지락 술국에서 아이디어를 얻어 더 담백한 풍미가 살아나게 만들어봤어요. 면수를 더 많이 넣으면 술국처럼 얼큰하게 드실 수도 있습니다.

ingredient

굴 50~100g(2~3인분까지 가능)

참나물 약간

다진 마늘 $\frac{1}{4}$큰술

중간 크기 새우 3마리

건조 바질가루 1꼬집

통후추가루 약간

건조 마늘가루 1꼬집

그라나파다노 치즈가루 반 컵

페페론치노 약간

올리브오일 $\frac{1}{3}$컵

―

파스타 면 1인분

생수 3L

소금 3큰술

TIP

파스타 면 삶기

p.33 참조

recipe

1. 냄비에 생수를 붓고 소금을 넣은 후에 물이 끓으면 파스타 면을 넣고 약 7~8분 정도 알덴테로 삶는다.

2. 달군 팬에 올리브오일을 두르고, 약한 불로 줄인 후에 다진 마늘을 넣고 익힌다.

3. 깨끗이 씻은 굴과 새우를 넣고 통후추와 바질가루를 넣고 볶다가, 파스타 면을 끓인 면수 두 국자를 넣는다.

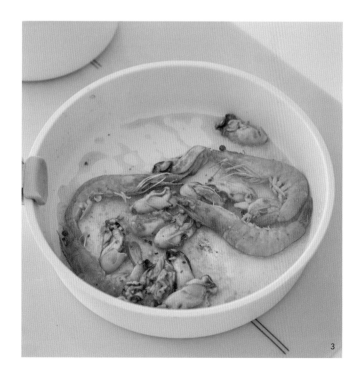

참나물 굴 오일 파스타 만들기

4。 다 익은 파스타 면을 3번에 넣고 약한 불로 볶
다가 건조 마늘가루, 그라나파다노 치즈가루를
넣은 후에 뚜껑을 덮고 익힌다.

5。 페페론치노를 뿌린 후에 불을 끄고 참나물을 얹
는다.

명란크림 파스타

ingredient

명란 1개
휘핑크림액 200ml(생크림 우유도 가능)
버터 1쪽
다진 마늘 반 큰술
다진 쪽파 약간(생략 가능)
—
파스타 면 1인분
생수 1.8L
소금 1큰술

TIP

파스타 면 삶기
p.33 참조

누구나 좋아하는 크림 파스타와 누구나 좋아하는 명란이 만 난다면… 이런 꿀 조합을 싫어할 사람이 어디 있을까요? 20 대 때부터 꾸준히 만들어 먹는 레시피입니다. 마지막에 페 페론치노를 뿌려 드시면 느끼함도 잡아주어 더 맛있답니다.

recipe

1. 냄비에 생수를 붓고 소금을 넣은 후에 끓으면 파스타 면을 넣 고 약 7~8분간 알덴테로 삶는다.
2. 명란을 한쪽으로 가르고 젓가락으로 껍질을 벗겨서 알만 빼 놓는다.
3. 달군 팬에 버터를 녹이고 다진 마늘과 명란을 넣고 익힌다.

명란크림파스타 만들기

4

4。 휘핑크림을 3번에 붓는다.

5。 익은 파스타 면을 넣고 명란크림소스와 함께 약
   3분 정도 조린다.

6。 그릇에 파스타를 담고 다진 쪽파로 토핑한다.

토마토 묵은지 해장 파스타

ingredient

토마토 홀 3~5개(토마토페이스트도 가능)

물에 헹군 묵은지 2가닥(김치나 신 김치
도 가능)

낙지 100g(취향에 따라 제철 해산물 또는
오징어나 쭈꾸미로 대체 가능)

모시조개 1컵(바지락으로 대체 가능)

홍합 1컵

다진 마늘 1큰술

건조 마늘가루 2큰술(다진 마늘로 대체
가능)

고춧가루 1큰술

페페론치노 약간(생략 가능)

화이트와인 3큰술

이태리 파슬리 약간(생략 가능)

누룽지 튀김 약간(찹쌀누룽지 튀김 추천,
생략 가능)

올리브오일 약간

―

멸치육수 1.5L(자작한 국물을 선호하시면
1L에 소금의 양을 줄여주세요)

고추장 3큰술

설탕 2큰술

대파 1개

―

파스타 면 1인분

생수 1.8L

소금 2큰술

TIP

누룽지 튀김 만드는 방법

찬밥으로 만들어도 좋아요. 달군 팬에
찬밥을 평평하게 깔고 누룽지를 만들
어 기름에 튀기면 됩니다. 찹쌀 누룽지
면 더 좋습니다.

TIP

파스타 면 삶기

p.33 참조

방송에서도 출시 후보 메뉴로 냈다가 정말 아쉽게 떨어진
요리입니다. 토마토 파스타에 얼큰한 한국식으로 좀 더 아
삭한 식감을 살리기 위해 묵은지를 씻어 넣어서 개발해봤어
요. 맛이 더 시원하고 얼큰하지 뭐예요. 방송이 끝난 후 심
사위원도 따로 레시피를 받아 가셔서 가족들과 맛있게 만들
어 드셨답니다. 해장, 이제는 토마토 묵은지탕으로 하세요.

recipe

1. 냄비에 멸치육수를 붓고, 고추장, 설탕을 넣고 끓이다가 깨끗
   이 씻은 대파를 넣고 좀 더 끓인다.
2. 모시조개, 홍합, 낙지를 깨끗하게 손질한다.

2

3。 냄비에 올리브유를 충분히 두른 후
　 에 모시조개, 홍합, 낙지를 넣고 볶
　 다가 화이트와인과 다진 마늘, 건조
　 마늘가루를 넣은 후에 뚜껑을 덮고
　 볶는다.

4。 3번에 토마토 홀을 넣고 으깬 후에
　 좀 더 볶는다.

5。 조개가 입을 열면 1번 육수를 붓고 고
　 춧가루, 페페론치노를 넣고 끓인다.

6

6。 물에 씻은 묵은지를 썰어 넣고 좀 더 끓인다.

7。 냄비에 물을 붓고 끓인 후에 파스타 면과 소금을 넣고 약 7분 정도 알덴테로 삶는다.

8。 알덴테로 삶은 면을 6번에 넣고(양념이 면에 밸 때까지) 좀 더 끓인다.

9。 그릇에 파스타와 해산물, 누룽지를 담고, 이태리 파슬리가 있다면 함께 토핑해서 완성한다.

바질 페스토 파스타

친구, 가족, 연인과 함께해서 더 행복한 브런치

ingredient

바질 페스토 1컵(p.65 참조)
사프란 약간(생략 가능)
바질 잎 3~4장(생략 가능)
—
파스타 면 1인분(링귀니 등 모든 종류의
파스타 면 가능)
생수 1.8L
소금 2큰술

TIP

파스타 면 삶기
p.33 참조

언제나 먹어도 정말 맛있는 바질 페스토지요. 냉장고에 쟁여두면 3분 요리가 완성된답니다. 시간이 없을 때 바질 페스토를 데워서 파스타 면이나 링귀니에 비벼 먹어요. 정말 편하고 맛있는 우리 가족 최애 아이템 중 하나입니다.

recipe

1. 끓는 물에 소금과 파스타 면을 넣고 7~8분간 알덴테로 삶는다. 폭신한 식감인 벤코토를 원한다면 10분 정도 삶는다.
2. 달군 팬에 설익은 면을 담고 바질 페스토를 넣고 약한 불에서 비빈다. 너무 되직하면 면수를 부어서 농도를 조절한다.
3. 접시에 담은 후에 사프란, 바질 잎으로 토핑한다.

바질 페스토 파스타 만들기

바질 페스토 게딱지밥

친구, 가족, 연인과 함께해서 더 행복한 브런치

ingredient

바질 페스토 2큰술(p.65 참조)
꽃게 1마리(게살과 게딱지 사용)
밥 $\frac{1}{3}$공기
레몬즙 약간(생략 가능)
사프란 약간(생략 가능)

꽃게 철에 수산시장에서 5킬로그램 정도 사다가 만들어 먹는 게딱지밥입니다. 꽃게탕도 끓이고, 간장게장도 담그고, 마지막에는 항상 게딱지밥을 만들어요. 냉동 꽃게로 만들어도 정말 맛있습니다.

recipe

1. 꽃게를 깨끗하게 손질한 후에 찜기에 넣고 찐다.
2. 알맞게 찐 꽃게는 게딱지를 분리한 후에 내장을 긁어낸다. 게살도 젓가락 등으로 잘 발라낸다.
3. 볼에 내장과 게살, 밥을 담고 함께 비빈 후에 달군 팬에 넣고 살짝 볶는다.
4. 게딱지에 바질 페스토를 바른 후에 3번의 볶은 밥을 담는다.
5. 4번 밥에 레몬즙을 뿌리고 사프란으로 토핑한다.

"사랑하고 아끼는 분들과
집에서 여유로운 브런치를
즐겨보세요.
편안한 수다 타임에 빠져들면서
밀려오는 행복감은
두말할 나위 없네요.
정말 쉽고 간단하게
만들 수 있어요.
가족, 친구, 연인과의 사랑도
더 깊어진답니다."

chapter 7

이정현의 집밥레스토랑

옛 추억과 맛이
몽글몽글 피어오르는
주말 간식

베이컨말이 핫도그

ingredient

식빵 2장

양장 소시지 2개

베이컨 2장

달걀 1개

만능 간장 1큰술(생략 가능)

파슬리 약간(생략 가능)

식용유 약간

예전부터 조카들 간식으로 해주던 베이컨말이 핫도그입니다. 식빵을 밀대로 평평하게 만들고 안에 소시지를 넣은 후에 식빵 겉을 베이컨으로 감싼 다음 달걀물을 묻혀 팬에 구우면 돼요. 이것만 해주면 울던 어린 조카들도 눈물을 뚝 그쳤답니다. 아이 어른 모두 좋아하는 간식입니다.

recipe

1。 식빵은 모서리를 자른 후에 밀대로 납작하게 눌러준다.

2. 소시지는 물에 데치거나 살짝 구워놓는다.

3. 식빵 안에 소시지를 놓고 돌돌 만 후에 베이컨으로 겉을 감싼다.

4. 달걀물을 만든다. 3번에 달걀물을 묻힌다.

5. 달군 팬에 식용유를 두르고 베이컨 끝부분부터 눌러 골고루 익힌다. 그래야 풀리지 않는다. 만능 간장을 뿌리면서 좀 더 굽는다.

6. 그릇에 먹기 좋게 잘라서 담고, 취향에 따라 파슬리 등으로 토핑한다.

초등학교 앞 국물떡볶이

ingredient

밀가루 떡 300g(쌀떡, 떡국 떡도 가능)
사각 어묵 2쪽
멸치육수 600ml
고추장 2큰술
설탕 2큰술(단맛을 선호하지 않으면 1큰술)
대파 1개

TIP

더 맛있게 먹는 방법
옛 추억을 떠올리며 비닐을 접시에 씌우고 드시면 더욱 맛있습니다.

초등학생 때 매일매일 학교 앞에서 떡볶이를 백 원어치 사먹곤 했어요. 가끔 50원이 더 있을 때는 납작한 만두 튀김과 계란을 넣어서 떡볶이 국물에 비벼 먹었지요. 성인이 된 후 그 떡볶이집을 찾아가봤지만, 이미 다른 건물들이 들어섰고 그 떡볶이집은 찾을 수 없었어요. 어릴 때 아주머니께서 바로 앞에서 조리하셨던 기억을 되살려 집에서 재현해봤는데요, 맛이 정말 똑같습니다. 멸치육수를 쓰니 건강에도 더 좋은 것 같아요. 이 떡볶이 국물로 닭볶음탕(p.97 참조)을 해도 정말 맛있답니다.

recipe

1. 멸치육수에 고추장과 설탕을 넣고 잘 푼다.
2. 어묵과 대파를 먹기 좋은 크기로 썰어놓는다.
3. 1번이 끓어오르면 어묵과 대파를 넣고 좀 더 끓인다.
4. 3번에 씻어놓은 밀가루 떡을 넣고 끓여 완성한다.

옛날 어묵

옛 추억과 맛이 몽글몽글 피어오르는 추억 간식

ingredient

사각 부산어묵 300g
멸치육수 1.8L
대파 1개
소금 1큰술
순후추 1큰술
—
나무 꼬치 4개

학창 시절 학교 앞에서 떡볶이를 사 먹고 2차로는 귀가하는 지하철역에서 꼬치 어묵을 사 먹은 기억을 떠올리며 만들었습니다. 레시피는 매우 단순해요. 멸치육수와 대파, 소금, 순후추로 맛을 내니 정말 그때 그 시절 꼬치어묵 맛이 나네요. 단, 어묵은 꼭 사각 부산어묵으로 하세요. 어묵 자체에 간이 되어 있어서 기본 멸치육수에 이 사각어묵을 넣으니, 감칠맛은 물론 모든 맛을 잡아주네요.

recipe

1。 냄비에 멸치육수를 끓인다.
2。 어묵을 4등분한 후에 꼬치에 하나씩 꽂는다.
3。 깨끗하게 씻은 대파를 송송 썰어 놓는다.
4。 육수가 끓으면 꼬치어묵을 넣고 소금, 대파, 순후추를 넣어 끓인다.
5。 대파와 순후추 등으로 토핑하고 마무리한다.

야채튀김

04

ingredient

양파 반 개
당근 반 개
고구마 1개
카레가루 약간
건조 마늘가루 반 큰술
소금 반 큰술
달걀 1개
차가운 플레인 탄산수 70ml
튀김가루 1컵
식용유 약간

제일 좋아하는 야채튀김입니다. 우리 조카들의 최애 간식이 기도 해요. 이 튀김을 밥 위에 올리고 만능 간장을 뿌려 먹으면 정말 맛있는 튀김 덮밥이 돼요. 한 번 튀기고 식힌 후에 또 한 번 튀겨야 더욱 바삭한 튀김이 완성됩니다.

recipe

1。 깨끗이 씻은 양파와 당근, 고구마를 채 썰어놓는다.

5

2. 튀김가루에 카레가루, 건조 마늘가루, 소금을 넣고, 달걀을 풀어 거품기로 섞어 농도를 맞춘다. 되직하면 차가운 탄산수를 부어 농도를 조절한다(탄산수 또는 냉수로 반죽해야 튀김이 더 바삭바삭하다).

3. 채 썬 채소를 2번과 섞는다.

4. 냄비에 식용유를 적당량 붓고 가열한다. 반죽을 한 꼬집 떨어트려 바로 올라오면 중간 불로 줄이고 3번 채소를 넣어 튀긴다(스테인리스 뒤집개 위에 채소를 올린 후에 그대로 튀김냄비에 넣으면 뜨거운 기름이 튀지 않아서 안전하다. p.286 사진 4 참조)

5. 한 번 튀긴 채소는 식힌 후에 한 번 더 튀긴다(두 번 튀겨야 바삭함이 살아난다).

05

파채 짜장라면&라조장

ingredient

짜장라면 1개
파채 2컵
라조장 약간(생략 가능)
오이채 약간(생략 가능)
통깨 약간(생략 가능)
올리브유 2큰술

수란 재료
물 냄비의 $\frac{2}{3}$ 이상
달걀 1개
소금 1큰술
식초 1큰술
(수란 만드는 방법은 p.245 참조)

TIP

더 맛있게 먹는 법

오이채를 올려 먹으면 더 맛있어요. 또
는 수란을 올린 후에 노른자를 터뜨려
서 면과 함께 비벼 먹어도 좋아요.

방송에서 보여드려 화제가 되었던 짜장라면입니다. 보통 생
양파나 돼지고기, 요즘은 꽃등심 등과 함께 해드시지만, 저
는 파김치를 워낙 좋아해서 파채를 듬뿍 넣고 짜장라면을
만들어요. 정말 맛있답니다. 라조장이 있으면 함께 드셔보
세요. 색다른 맛을 기대하셔도 좋습니다.

recipe

1。 달군 팬에 올리브유와 파채 1컵을 넣고 파기름을 만들어놓는다.

옛 추억과 맛이 몽글몽글 피어오르는 중간 간식

2。 냄비에 물을 넣고 라면사리를 살짝 삶은 후에 건져서
　 파기름을 만들어놓은 팬에 옮긴다.

3。 2번에 짜장라면 소스와 올리브유 1큰술을 넣고 비빈
　 다. 너무 되직하면 면수를 붓는다.

4。 마지막에 파채 1컵을 더 넣고 함께 비빈다.

5。 그릇에 4번 짜장라면을 담고, 수란이나 프라이를 만들어 라조장과 함께 올리고 통깨를 뿌려 완성한다.

해물짬뽕라면

ingredient

각종 해물 적당량

꽃게 1마리(생략 가능)

랍스터 1마리(생략 가능)

조개 4~5개(모시, 바지락, 백합 등 취향
에 따라 넣는다)

홍합 4~5개

새우 3마리

오징어 적당량

물 500ml

콩나물 1컵(생략 가능)

라면 1개(스프 포함)

파채 약간

—

고춧가루 1큰술

고추기름 반 큰술

양조간장 1큰술

순후추 약간

다진 마늘 1큰술

빙송에서 보여드렸던 해물라면입니다. 고추기름에 채소와 해물을 볶은 후 물을 붓고 기존 방식대로 라면을 끓이면 근사하게 완성됩니다. 해장용으로도 최고이고요. 가끔 냉동실 해물 털기할 때 만들곤 하는 라면 요리입니다. 랍스터가 있다면 따로 찐 후에 냄비에 걸쳐 올려보세요. 보기에도 훌륭한 고급스러운 라면이 탄생합니다.

recipe _____

1. 해산물은 손질해서 깨끗이 씻는다. 랍스터는 씻은 후에 찜기에 찐다. 꽃게는 씻은 후에 먹기 좋은 크기로 자른다.

2. 냄비에 고춧가루, 고추기름, 양조간장, 후추, 다진 마늘을 넣고 볶는다.

2

해물짬뽕라면 만들기

3. 준비해놓은 해산물을 2번에 넣은 후에 뚜껑을 덮고 볶다가 물을 부어 끓인다.

4. 물이 끓어오르면 라면 스프를 넣고 쪄놓은 랍스터와 씻어놓은 콩나물을 넣고 뚜껑을 연 채로 익힌다. 콩나물 비린내를 잡으려면 처음부터 뚜껑을 열어놓거나, 완전히 익을 때까지 뚜껑을 열지 않는다.

5. 끓는 물에 라면 사리를 넣고 설익을 정도로만 살짝 삶
   는다. 추후 해산물과 한 번 더 끓이므로 너무 푹 삶지 않
   는다.

6. 4번의 콩나물이 숨이 죽을 무렵에 설익은 라면 사리를
   넣고 좀 더 끓인다.

7. 라면과 해산물을 그릇에 담고, 먹기 직전에 파채를 조금
   올려 완성한다.

고구마 스무디

ingredient

군고구마 1개(중간 크기, 120g)

흰 우유 200ml

단풍시럽 2큰술(단맛을 선호하지 않으면
1큰술)

계피가루 약간(생략 가능)

군고구마에 우유와 단풍시럽을 넣고 믹서에 갈아 먹으면 그렇게 맛있습니다. 정말 만들기도 쉽고, 맛은 카페 음료 부럽지 않아요. 너무 든든해서 조카들 영양 간식으로 만들어주거나 이른 아침 식사 대용으로 챙겨 마시고 나갈 때도 많아요.

recipe

1. 군고구마 껍질을 벗겨 믹서에 넣는다.

2. 우유와 단풍시럽을 넣고 군고구마와 함께 간다.

3. 유리잔 또는 컵에 2번을 붓는다. 군고구마 작은 조각과 계피 가루로 토핑한다.

딸기 쉐이크

ingredient

딸기 5~6개(140~170g)

흰 우유 200ml

단풍시럽 4큰술(단맛을 선호하지 않으면 2큰술)

딸기 철에 잔뜩 주문해서 주스, 잼, 그리고 딸기 쉐이크, 딸기 소다를 만들어 먹어요. 비타민도 풍부하고 맛도 좋은 딸기. 만약 딸기가 시큼하다면 우유와 단풍시럽을 넣고 믹서에 갈아보세요. 카페 음료보다 더 맛있는 딸기 쉐이크가 완성된답니다.

recipe

1. 딸기는 식초나 베이킹파우더 또는 소금물에 담가둔 후에 흐르는 물에 깨끗하게 씻는다.
2. 믹서에 꼭지를 제거한 딸기와 우유, 단풍시럽을 넣고 간다.
3. 컵에 2번을 붓고, 딸기와 허브 등으로 토핑하여 완성한다.

닭볶음 감자 크로켓

방송에서 화제가 되었던 크로켓입니다. 아쉽게 출시는 되지 않았지만 방송 후에도 정말 많은 분들에게서 맛보게 해달 라는 요청이 끊이지 않았어요. 이름만 들으면 레시피가 복 잡할 것 같지만, 전혀 그렇지 않습니다. 빵집에서만 봤던 그 크로켓이 이렇게 쉬운 방법으로 더 맛있게 완성된다니 믿기 지 않을 거예요. 당장 만들어보세요.

ingredient

닭볶음탕 살코기 적당량
삶은 감자 2개(중간 크기, 450g)
달걀 2개
빵가루 적당량 2컵
깻잎 2장
라이스페이퍼 2장(생략 가능)
소금 $\frac{1}{3}$큰술
밀가루 2큰술
식용유 1컵 이상

TIP

더 쉽고 맛있게 튀김을 만드는 방법

1. 달군 기름에 빵가루를 넣었을 때 위 로 떠오르면 튀김 온도가 적당한 것입 니다.

2. 기름을 많이 안 쓰셔도 됩니다. 냄비 에 크로켓이 반 정도 잠길 정도의 식용 유만 넣으세요. 좁은 냄비나 팬을 추천 합니다.

3. 중간에 중약 불로 조절해서 타지 않 게 해주세요.

4. 삶은 감자를 체에 걸러주면 식감이 더 부드러워요.

recipe

1. 볼에 삶은 감자를 넣고 으깬 후에 소금과 밀가루를 넣고 함께 잘 섞는다.

2。 한쪽 손에 으깬 감자를 올리고 그 위에 라이스페이퍼,
　　깻잎 순으로 얹는다.

3。 깻잎 위에 닭볶음탕 살코기를 올리고 내용물을 잘 감
　　싼 후에 다른 깻잎으로 덮고 라이스페이퍼로 깻잎을
　　감싼다.

4。 3번 위에 으깬 감자를 올려서 다시 감싼다.

5。 4번에 달걀물을 묻힌 후에 빵가루를 골고루 묻힌다.

6。 튀김 냄비에 5번을 넣고 노릇하게 튀긴다.

이정현표
누룽지 떡볶이 피자

ingredient

부산어묵(사각) 1장
쌀밥 1인분(찬밥도 가능)
떡볶이 육수(p.281 참조)
다진 쪽파 1컵
피자치즈 55g 이상
삶은 달걀 1개(반숙도 가능)
식용유 약간

방송에서도 보여드렸는데요. 제가 개발한 누룽지 떡볶이 피자입니다. 현장 스태프들도 떡볶이 피자를 맛본 후 감탄을 금치 못했어요. 평소에 떡볶이를 먹을 때 삶은 달걀을 으깨서 국물에 적셔 먹는 걸 좋아해요. 거기에서 착안하여 만들어봤어요. 집에 남은 찬밥이 있다면 주말 간식으로 만들어보세요. 입 안이 행복으로 가득 찬답니다.

recipe

1. 팬에 식용유를 살짝 두르고 밥을 넣어 평평하게 만든 후 약한 불에서 10분 정도 구워서 누룽지를 만든다.

2。 떡볶이 육수에 잘게 썬 어묵을 넣고 5분 정도 익힌다.

3。 누룽지 위에 떡볶이 육수를 바르고 어묵을 골고루 올린다.

4。 다진 쪽파와 피자치즈를 뿌린다.

5。 팬의 뚜껑을 닫고 약한 불에서 치즈가 녹을 때까지 굽는다.

6。 삶은 달걀은 흰자와 노른자를 분리한 후에 잘게 다진다.

7。 피자가 먹음직스럽게 익으면 그 위에 나머지 다진 쪽파, 다진 노른자와 흰자를 골고루 뿌리고 마무리한다.

4

6

이정현의 집밥레스토랑

특별한 날이
더 소중해지는 디너
&
즐거운 수다 타임

| 한식 | 양식 | 수다 타임 |

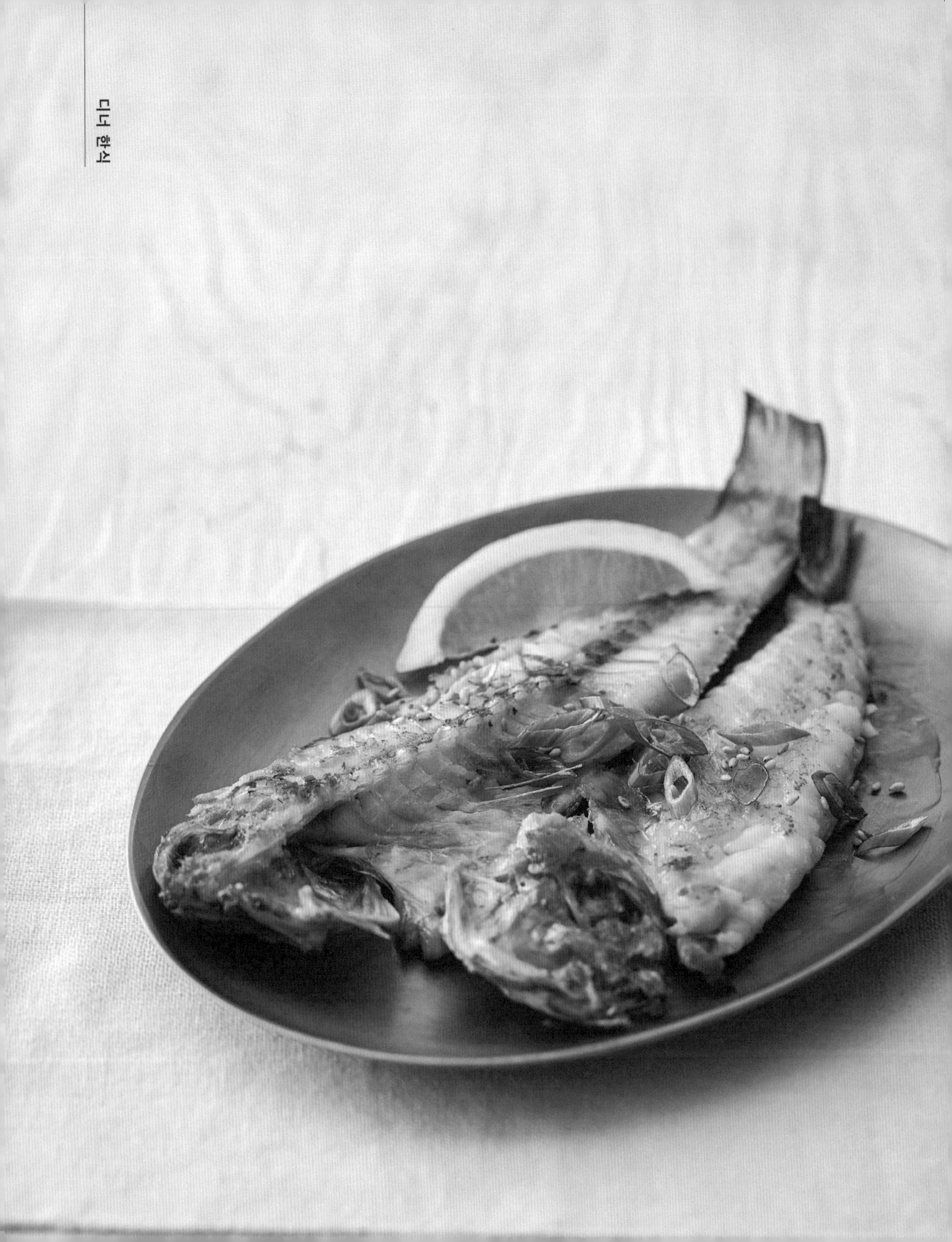

옥돔구이

ingredient

옥돔 1마리
청주 1큰술
참기름 1큰술
소금 1꼬집
다진 쪽파 약간(생략 가능)
레몬 1조각(생략 가능)
식용유 약간

모든 생선구이를 요리하는 방법과 똑같아요. 단, 구울 때 옥돔 위에 참기름을 발라주세요. 옥돔의 바다 향과 함께 더 고소하고 담백한 맛을 느낄 수 있습니다.

recipe

1. 잘 씻은 옥돔의 물기를 제거한다. 지느러미 등은 가위로 잘라서 정리한 후에 청주를 뿌린다.
2. 팬에 식용유를 두른 후에 옥돔을 올리고 소금을 뿌려 간을 한 후 참기름을 바른다.
3. 옥돔이 익으면 접시에 담고 다진 쪽파를 뿌리고 레몬과 함께 낸다.

특별한 날이 더 소중해지는 디너&즐거운 수다 타임

성게미역국

ingredient

2인분

성게알 50g

불린 미역 2컵(약 230g)

조개육수 1.2L(p.51 참조)

참기름 반 큰술

다진 마늘 반 큰술

양조간장 1큰술

멸치액젓 4큰술(까나리액젓 가능)

식용유 약간

TIP

더 맛있게 먹는 방법

볶을 때 만능간장 1~2큰술 넣으시면
더 맛있습니다.

어렵지 않아요. 성게만 있으면 됩니다. 조개육수를 쓰시고 볶은 미역을 넣고 끓이다가 먹기 직전에 성게알을 올려 내면 됩니다. 간을 맞출 때 소금 대신 액젓을 사용하면 더 맛있어요. 액젓은 까나리보다는 멸치액젓을 추천합니다. 바다향을 건강하고 맛있게 느껴보세요.

recipe

1. 냄비에 참기름을 두르고 물기를 제거한 불린 미역, 다진 마늘과 양조간장을 넣고 조물조물 무친다.

2。 달군 팬에 식용유를 두른 후에 미역을 넣고 볶
는다.

3。 2번에 참기름을 두르고 좀 더 볶은 후에 조개육
수를 붓고 끓인다.

4。 국이 끓어오르면, 입맛에 따라 멸치액젓으로 간
을 맞춘다.

5。 먹기 직전에 성게알을 넣고 불을 끈다.

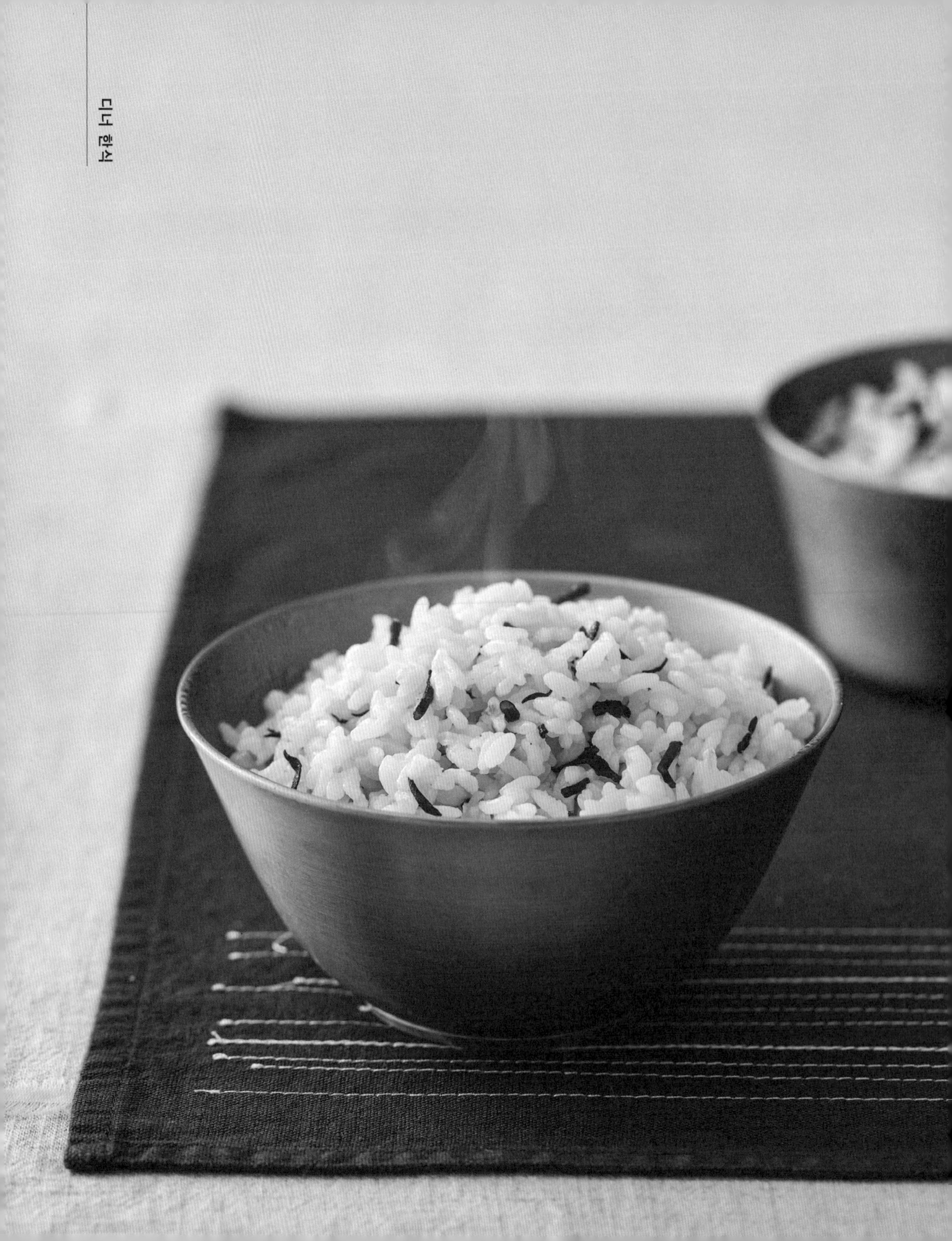

톳밥

ingredient

잘게 부순 건조 톳 3꼬집
쌀 2컵
물 2컵

정말 간단해요. 밥 안칠 때 건조 톳만 넣으면 됩니다. 세상 쉽고 간단하지요. 드시는 분들 모두 감동한답니다.

recipe ────────────────────

1。 밥솥에 잘 씻은 쌀과 물을 붓고, 건조 톳을 뿌린 후에 약 30분 정도 불린다.

2。 쌀과 톳을 불린 후에 취사 버튼을 누른다.

3。 공기에 톳밥을 담아 낸다.

육전

ingredient

육전용 소고기 100g(얇게 썬 불고기용도 가능)

소금 3꼬집

부침가루 1컵

건조 마늘가루 3큰술

달걀 1개

다진 홍고추 약간(생략 가능)

식용유 약간

육전에 보리굴비 먹는 것을 정말 좋아하는데요. 제가 접한 육전들은 담백하지만 무언가 빠져 있는 느낌이었어요. 얇은 소고기에 맛있는 부침가루와 계란물이 만났는데 훨씬 더 맛있는 육전을 만들 수 없을까 고민하다가 드디어 찾아냈습니다. 그것은 바로 건조 마늘가루! 이것을 부침가루에 듬뿍 섞어 달걀물에 묻혀 부쳐보세요. 세상에서 찾아볼 수 없는 정말 맛있는 육전이 완성된답니다.

recipe —————————————

1。 소고기의 핏물을 닦고 소금을 뿌려 재워둔다.

2。 부침가루에 건조 마늘가루를 섞은 후에 소고기에 묻힌다.

3

3。 달걀물을 만든 후에 2번 소고기에 묻힌다.

4。 달군 팬에 식용유를 두르고 3번 소고기를 노릇
　　 노릇하게 부친다.

5。 그릇에 육전을 담고 홍고추와 통깨로 토핑한다.

꽃게 혹은 새우
봄동 된장국

특별한 날이 더 소중해지는 디너&즐거운 수다 타임

ingredient

봄동 1포기
꽃게 1마리(랍스터 다리도 가능, 생략 가능)
중새우 4마리
멸치육수 1.8L
된장 3큰술
다진 마늘 1큰술
고춧가루 $\frac{1}{3}$큰술
새우젓 3큰술

우리 가족이 정말 사랑하는 된장국입니다. 육수만 있다면 10분 안에 만들 수 있어요. 해물 향이 나는 멸치육수에 된장을 풀고, 고소한 봄동을 넣고 한소끔 끓여보세요. 어디에도 없는 시원하고 맛있는 봄동 된장국이 완성됩니다.

recipe

1. 꽃게와 새우를 손질해서 깨끗이 씻어놓는다.
2. 봄동을 다듬어 깨끗이 씻은 후에 먹기 좋은 크기로 자른다.

꽃게봄동된장국 만들기

3。 냄비에 멸치육수를 부은 후에, 된장을 풀고 다
진 마늘을 넣는다.

4。 손질해놓은 꽃게와 새우를 3번에 넣고 끓인다.

5。 고춧가루를 넣고 봄동을 적당량 넣는다.

6。 새우젓으로 간을 한 후에 그릇에 담는다.

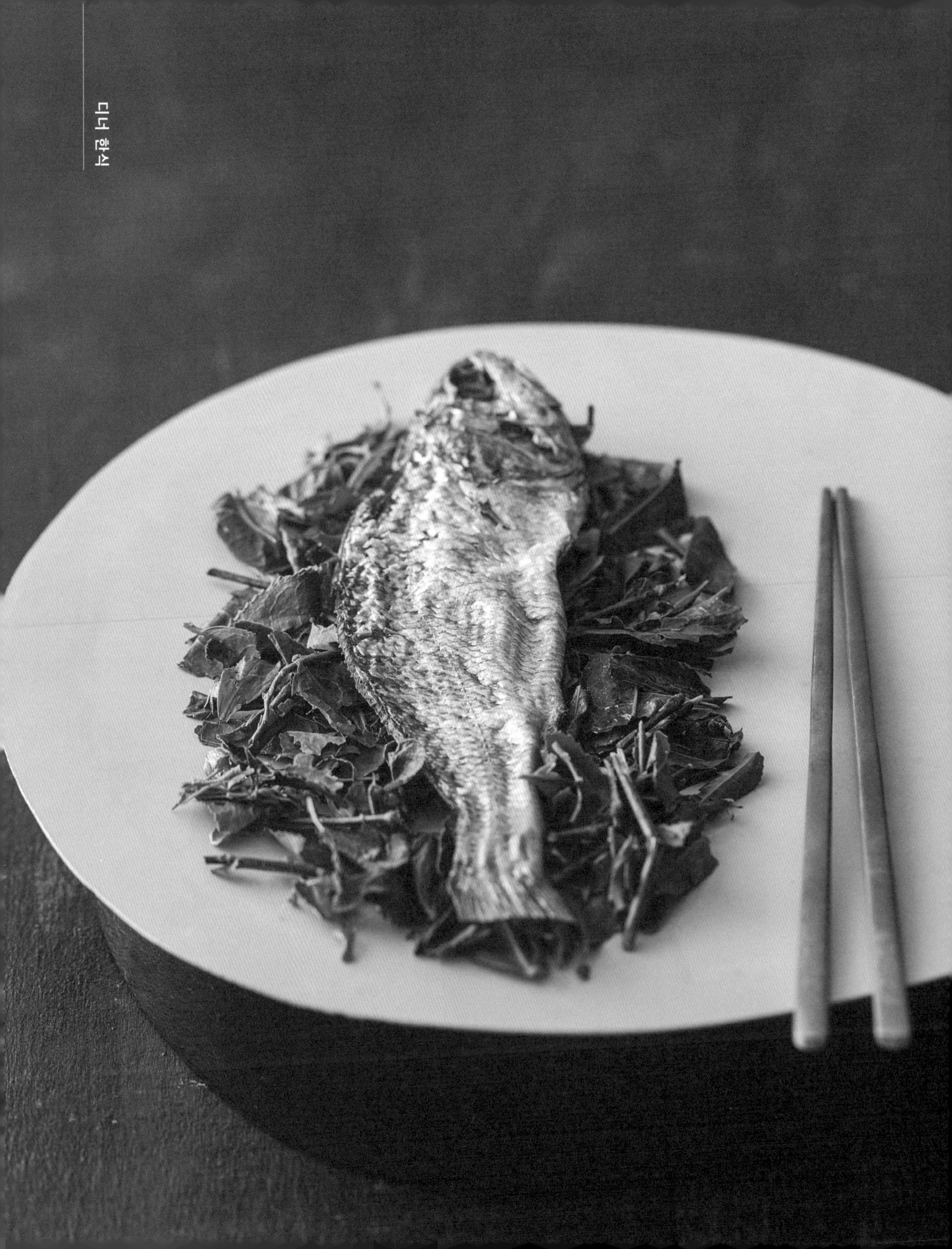

보리굴비

ingredient

보리굴비 1마리
녹차 물 3컵(가루녹차 $\frac{1}{4}$큰술)
녹차 잎 1컵(생략 가능)
정종 3큰술

복잡하고 어려울 것 같죠? 전혀 어렵지 않아요. 보리굴비를 쌀뜨물이나 녹차 물에 1시간 이상 담근 후에 찜솥에 쪄서 내면 돼요. 육전(p.319)과 함께 내놓으면 임금님 수라상 부럽지 않습니다. 중요한 손님이 오셨을 때나 부모님 생신 때 꼭 해드리는 보리굴비입니다. 요즘에는 보리굴비를 인터넷으로도 저렴하게 구할 수 있으니까요. 여러분도 냉동실에 쟁여놨다가 특별한 날에 꺼내 쪄서 드셔보세요. 드시는 분도 정말 감동한답니다.

recipe

1. 보리굴비는 지느러미 등을 잘라서 정리한 후에 녹차 물에 30분 정도 담가놓는다.

1

2

3

2。 녹차 잎을 물에 불려놓는다.

3。 찜기에 녹차 잎을 펴고 그 위에 보리굴비를 올린다.

4。 보리굴비에 정종을 뿌리고 약 20분 정도 찐다.

5。 접시에 녹차 잎을 깔고 보리굴비를 올려 완성한다.

329

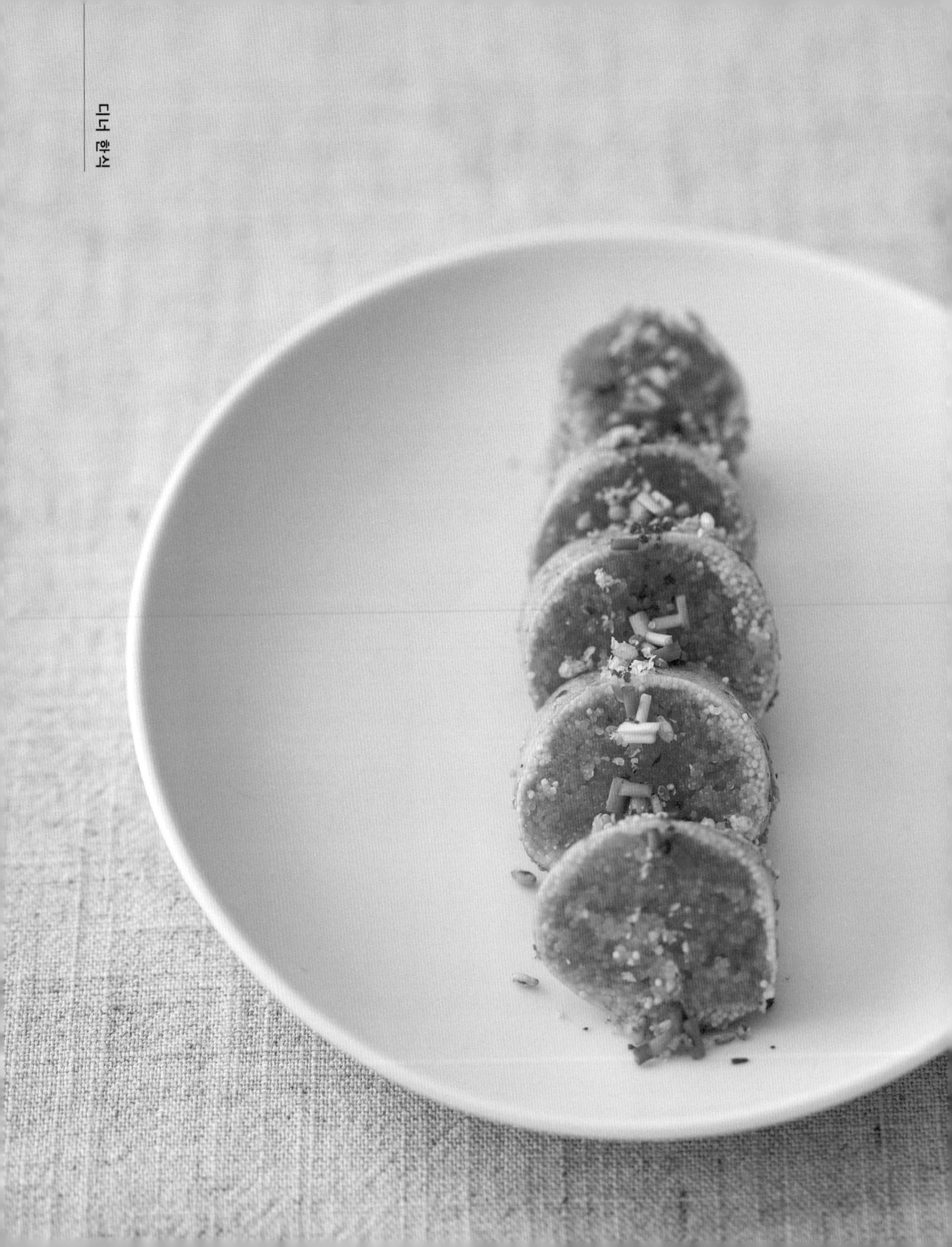

명란구이

ingredient

저염 명란 1개(일반 양념 명란 가능)
정종 1큰술
식용유 1큰술
참기름 1큰술

명란젓은 참기름을 두르고 참깨를 뿌려 바로 먹어도 맛있지만, 겉을 팬에 살짝 익혀서 내놓으면 더 고소한 식감이 살아 있는 반찬이 됩니다. 참기름을 바르고 중약 불에서 명란을 돌려가면서 마치 스테이크 미디엄처럼 겉만 익히고 속은 그대로 촉촉하게 놔두시면 정말 이만한 고급 밥도둑이 따로 없습니다. 저염 명란으로 하면 더 맛있어요. 일반 명란은 물에 한 번 헹구어 물기를 없앤 후에 조리해주세요. 밥상에 내놓을 때마다 드시는 분들 모두 감동하는 반찬입니다.

recipe

1. 명란에 정종을 뿌려둔다.
2. 달군 팬에 기름을 두르고 명란을 올린다.
3. 명란에 참기름을 뿌리면서 앞뒤로 돌려가며 살짝 굽는다.
4. 구운 명란을 먹기 좋은 크기로 잘라서 접시에 담는다.

2

3

유채나물 생선구이

ingredient

우럭 1마리(대구, 금태 등도 가능)

베이비 브로콜리 1줄기(유채나물, 두릅 가능)

멸치육수 1컵

소금 4꼬집

가다랑어포 1큰술

만능 간장 1큰술(만능 간장 대체 소스 p.28 참조)

파마산 치즈 1큰술(생략 가능)

식용유 약간

올리브유 약간

방송에서도 보여드렸는데요. 특별한 날 우연히 한식 미슐랭 식당에서 먹어본 생선구이에 감동해서 집에서 따라해본 요리입니다. 레시피는 똑같지 않겠지만 정말 맛있어요. 우럭이나 금태, 대구 등 생선을 팬에 구운 후 육수를 따로 만들어 먹기 직전에 부어 먹으면 됩니다. 유채나물이나 두릅, 베이비 브로콜리를 데쳐서 간장 간을 한 후 옆에 함께 내놓으면 근사한 미슐랭 생선구이가 탄생합니다. 멋을 더 부린다면 파마산 치즈를 갈아서 팬에 구워 생선구이 위에 장식해보세요. 우리 집이 바로 미슐랭 식당이 됩니다.

recipe

1. 멸치육수에 소금 한 꼬집을 넣고 가다랑어포를 넣은 후에 건져낸다.
2. 냄비에 물을 붓고 끓어오르면 베이비 브로콜리를 넣고 살짝 데친다.
3. 데친 베이비 브로콜리에 소금과 만능 간장을 넣어 간을 한다.

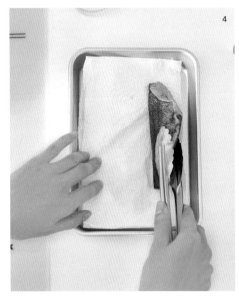

4。 우럭은 씻은 후에 물기를 제거한다.

5。 달군 팬에 식용유를 두르고 우럭을 노릇하게 굽는다.

6。 팬에 올리브유를 두르고 파마산 치즈 1큰술을 동그란 모양으로 모은 후에 중약 불에서 바삭하게 구워 파마산 치즈 칩을 만든다.

7。 접시에 구운 우럭을 담고, 파마산 치즈 칩, 유채나물과 베이비 브로콜리를 올린 뒤, 믹기 직전에 1번 육수를 붓는다.

참나물 영양부추 겉절이

ingredient

참나물 4줄
영양부추 반 단
만능 양념장 1큰술 반(p.59 참조)
통깨 약간

산뜻한 채소가 먹고 싶을 때, 김치 등이 떨어졌을 때, 5분 안에 요리하는 인기 만점 초간단 겉절이입니다. 보통 알배추나 얼갈이로 많이 하시는데 색다르게 영양부추에 참나물을 섞어서 만들어보세요. 가격은 저렴하지만 뭔가 더 특별한 겉절이가 완성된답니다.

recipe ──────────────────

1。 참나물과 영양부추를 깨끗이 씻어 먹기 좋은 크기로 썬다.

2。 볼에 참나물과 영양부추를 담고 만능 양념장을 넣어 버무린다.

3。 그릇에 겉절이를 담고, 통깨를 뿌린다.

참나물 영양부추
겉절이 만들기

"특별한 날, 주로 가족이나 어르신들을 위해
요리하는 저만의 코스 요리입니다.
가끔 부모님이나 한식을 사랑하는 분들을 위해
한 상 차려서 내보세요.
온 가족의 사랑을 듬뿍 받는답니다."

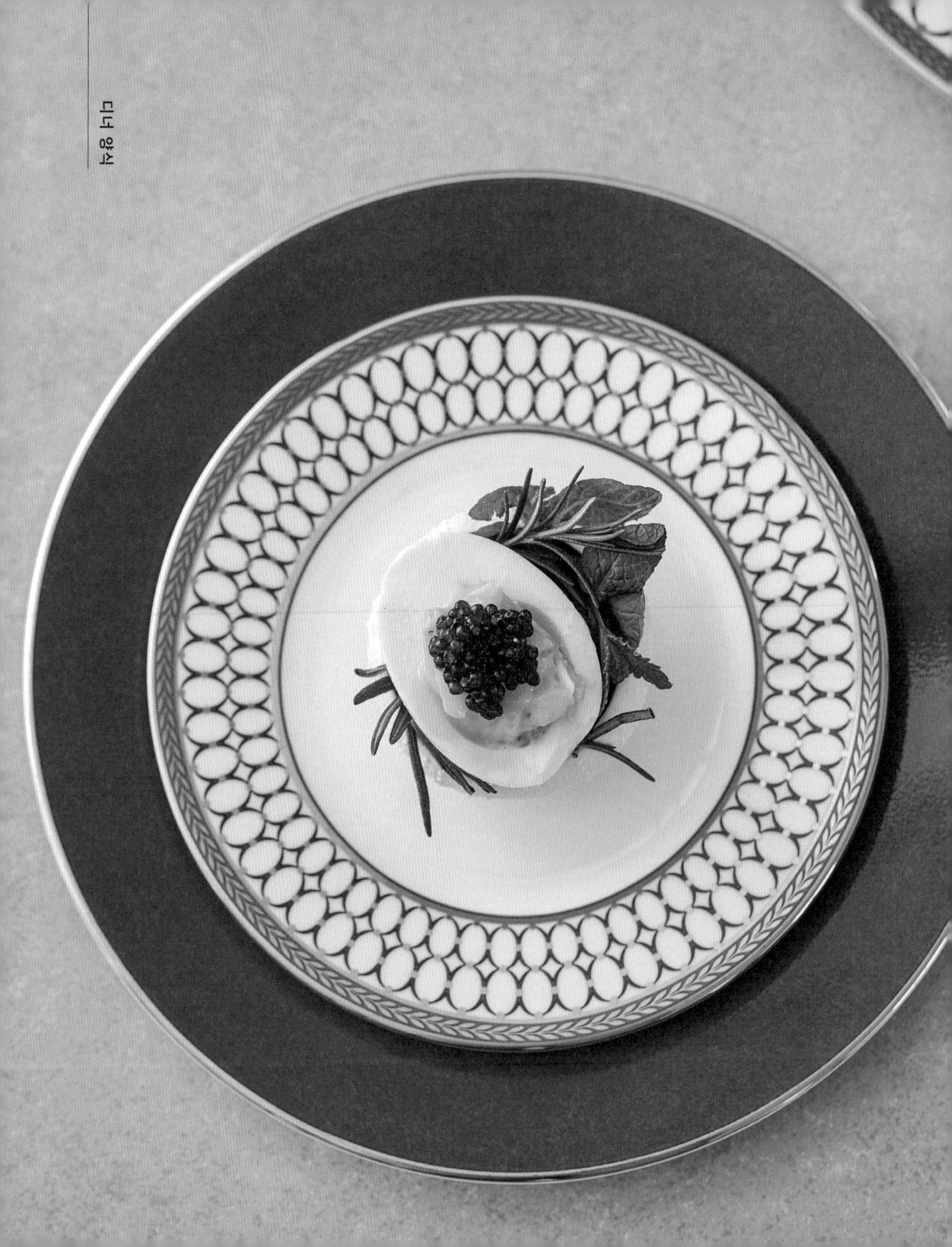

달걀 캐비어
(정현 스터프트 에그)

ingredient

달걀 4개(완숙으로 삶은 달걀)

캐비어 1큰술(로즈마리, 애플민트 등의 허브나 식용 꽃으로 대체 가능)

다진 양파 1큰술

만능 마요 소스 1큰술(p.67 참조)

단풍시럽 1큰술

소금 2꼬집

후추 약간

제가 연구해낸 저만의 스터프트 에그(Stuffed Egg, 속을 채운 달걀이란 의미)입니다. 정현표 만능 마요 소스만 있으면 간단하게 내놓는 스타트 요리예요. 별것 없이 정말 만들기 쉬운데 먹는 이들은 매우 감동한답니다. 특별한 날에 에피타이저로 꼭 만들어보세요.

recipe

1. 삶은 달걀을 반으로 잘라 노른자만 분리한다.

2. 다진 양파를 20분 이상 물에 담가 매운맛을 제거하고, 건져내어 물기를 닦는다.

3. 볼에 노른자를 담고 으깬 후에 다진 양파, 만능 마요 소스, 단풍시럽, 소금, 후추를 넣고 비빈다.

4. 달걀 흰자 안에 3번의 으깬 노른자를 담고, 그 위에 캐비어나 허브, 식용꽃 등을 올려 장식한다.

특별한 날이 더 소중해지는 디너&즐거운 수다 타임

카프레제 샐러드

ingredient

방울토마토 3개
바질 페스토 2큰술(p.65 참조)
모짜렐라 치즈 1장(두께 1cm)
소금 1꼬집
후추 약간
올리브오일 1큰술

소스

발사믹 식초 3큰술
꿀 3큰술

이탈리아 맛집에 갔다가 더 맛있고 예쁘게 세팅하는 법을 생각해냈어요. 잘 익은 토마토도 좋지만, 대추토마토나 방울토마토를 올리니 더 예쁘더라고요. 거기에 토마토를 살짝 데쳐서 껍질까지 벗겨 올린다면 달콤하고 부드러운 식감을 느낄 수 있답니다. 여기에 직접 만든 바질 페스토(p.65 참조)를 모짜렐라 치즈에 올려낸다면 보기에도 좋고, 잊을 수 없을 만큼 맛있는 카프레제 샐러드가 완성됩니다.

recipe

1. 깨끗이 씻은 방울토마토를 십자 모양으로 자른다.
2. 끓는 물에 방울토마토를 넣고 10초 이상 데친다. 푹 익히고 싶으면 좀 더 오래 데쳐도 된다.
3. 데친 토마토를 찬물에 담갔다가 껍질을 벗긴다. 먹음직스럽게 보이도록 꼭지는 그대로 둔다.
4. 접시에 모짜렐라 치즈를 담고 그 위에 바질 페스토를 바른다.

카프레제 샐러드 만들기

6

5。 소스를 만든다. 발사믹 식초와 꿀을 3큰술씩(1 : 1 비율)
　　 넣고 약한 불에서 졸인다.

6。 4번 바질 페스토 위에 방울토마토를 올리고 올리브오
　　 일, 소금, 후추를 뿌린다. 그릇 가장자리에 5번 소스를 젓
　　 가락 등을 이용해 보기 좋게 장식한다.

트러플 스테이크

ingredient

스테이크 등심 혹은 안심 150g(두께
1~2cm)

홀 트러플 1개(생략 가능)

구이용 모짜렐라 치즈 약간(생략 가능)

생고추냉이(생략 가능)

트러플 소금 약간(생략 가능)

트러플 오일 약간

올리브오일 약간

TIP

트러플 사는 방법

홀 트러플은 수입 식재료 마트나 대형
백화점 식품관에서 구할 수 있습니다.
가끔 트러플 오일과 트러플 소금도 할
인 판매하므로 타이밍을 잘 맞춰서 구
매하면 아주 좋습니다.

항상 똑같이 구워내는 스테이크에 트러플 오일을 뿌리고,
홀 트러플이 있다면 잘게 잘라 함께 올려 내보세요. 미슐랭
식당은 바로 우리 집이 됩니다. 트러플 향이 입 안을 행복하
게 하고요, 여기에 트러플 소금을 올려 함께 먹는다면 잊을
수 없는 인생 스테이크가 된답니다. 단, 고기에 다른 향신료
나 양념은 추가하지 마세요. 고기 본연의 맛과 트러플 향에
방해가 될 수 있으니까요.

recipe

1. 스테이크용 고기는 사각 모양(가로세로 3~4cm)으로 먹기 좋
   은 크기로 자른다.

2。 모짜렐라 치즈도 사각 모양(두께 1cm)으로 자른다.

3。 강한 불에서 팬을 달군 후 고기를 굽는다.

4。 고기 옆면이 $\frac{1}{3}$ 정도 익으면 한 번 뒤집는다. 중불로 줄이고, 사각 모양으로 돌려가며 고루 굽는다.

5。 달군 팬에 올리브오일을 두르고, 모짜렐라 치즈도
　　 돌려가며 굽는다.

6。 다 구워지면 접시에 고기와 치즈를 담고 트러플
　　 오일을 뿌린다. 홀 트러플은 슬라이스해서 토핑한
　　 다. 생고추냉이와 트러플 소금을 곁들여도 좋다.

5

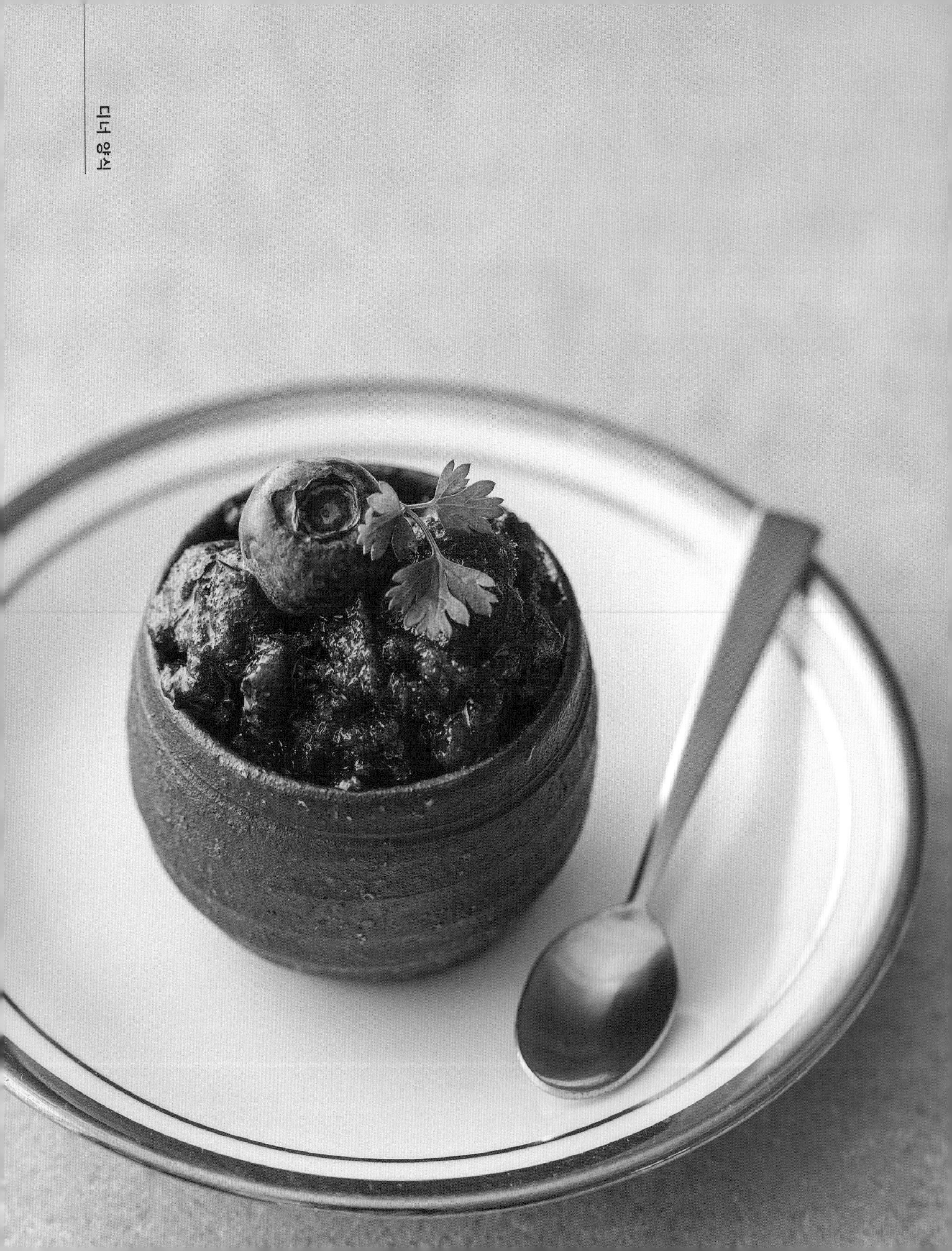

블루베리 셔벗

ingredient

블루베리(오디, 라즈베리 등 어떤 과일로도
대체 가능) 1컵

단풍시럽 반 컵

레몬즙 1큰술

애플민트 1장(생략 가능)

TIP

예쁘게 담는 방법

집에 있는 소주잔 같은 작은 컵에 담아
내보세요. 위쪽에 남은 과일 조각이나
애플민트를 장식해서 내놓으면 완벽한
디저트가 됩니다.

이것 또한 너무 간단합니다. 블루베리나 오디, 망고, 키위 등
좋아하는 과일을 믹서에 넣고 단풍시럽과 레몬즙만 추가하
여 갈아낸 다음 냉동실에서 얼리기만 하면 돼요. 얼려 있는
셔벗을 숟가락으로 긁어서 예쁜 그릇에 담아보세요. 잊을
수 없이 향긋하고 맛있는 건강한 셔벗이 완성된답니다. 고
기 요리 후에 입가심으로 내놓으면 아주 좋아요. 디저트로
도 좋고요.

recipe

1。 믹서에 깨끗하게 씻은 블루베리와 단풍시럽, 레몬즙을 넣고
   간다.

2。 용기에 담아 냉동실에 얼린다.

3。 숟가락 등을 이용해 얼려놓은 블루베리를 긁어낸다.

4。 긁어낸 블루베리를 차가운 그릇에 담고 과일 조각이나 애플
   민트를 올린다.

마늘종 명란오일 파스타

특별한 날이 더 소중해지는 디너(&즐거운 수다 타임)

ingredient

저염 명란(일반 명란인 경우에는 파스타 면 데치는 물에 소금 반 큰술만 넣으세요)

마늘종 2~3줄

다진 마늘 $\frac{1}{4}$큰술

건조 마늘가루 2큰술

그라나파다노 치즈가루 반 컵

페페론치노 약간

올리브오일 $\frac{1}{3}$컵

—

파스타 면 1인분

생수 3L(파스타 면 6~9인까지 조리 가능)

소금 1큰술

TIP

파스타 면 삶기

p.33 참조

방송에서 이연복 선생님, 이원일 셰프님에게 대접해드렸던 저의 시그니처 요리 중 하나입니다. 이 파스타를 맛보신 분들은 눈이 동그래지면서 바닥까지 모조리 긁어 드실 정도예요. 앞에서 소개했던 명란오일 파스타(p.251 참조)에 마늘종만 추가하면 됩니다. 이 맛의 비밀병기는 바로 건조 마늘가루와 그라나파다노 치즈입니다. 제가 이것저것 테스트해본 후에 알아낸 오일파스타 황금 레시피입니다. 오일 파스타, 이젠 집에서도 맛있게 만들어 드세요.

recipe

1。 냄비에 생수를 붓고 끓으면 소금과 파스타 면을 넣고 7~8분 정도 알덴테로 삶는다.

2。 저염 명란은 껍데기를 제거해서 알만 준비한다.

3。 마늘종은 깨끗이 씻은 후에 0.5cm 크기로 자른다.

4。 달군 팬에 올리브오일을 두르고, 약한 불로 줄인 후에
　　다진 마늘, 명란을 넣고 익힌다.

5。 명란이 하얗게 익을 무렵에 마늘종, 건조 마늘가루, 그
　　라나파다노 치즈가루를 넣는다. 되직하면 면수를 붓고
　　농도를 조절한다. 페페론치노도 약간 뿌린다(페페론치
　　노는 금방 타므로 꼭 마지막에 넣는다).

6。 설익은 파스타 면을 5번에 넣고 함께 볶아 익힌다.

7。 그릇에 파스타와 마늘종을 먹기 좋게 담는다.

고구마 아이스크림 샌드

ingredient

고구마 2조각(두께 2~3mm)

흑미 아이스크림(바닐라 등 모든 아이스크림 가능)

설탕 2큰술

흑깨(생략 가능)

식용유 약간

고구마 맛탕도 좋아하고 아이스크림도 좋아해서 이 두 가지를 합쳐봤어요. 제가 알아낸 조합인데 겉바속촉 달콤한 식감이 정말 맛있답니다. 만들기도 쉬우니 간식 혹은 후식으로 만들어보세요.

recipe

1. 고구마를 깨끗이 씻은 후에 2~3mm 두께로 자른다. 고구마를 물에 담가 전분기를 뺀 후에 물기를 닦아놓는다.

2

3

2。 달군 팬에 식용유를 두르고 고구마를 튀기듯이 굽는다.
   설탕 1큰술을 고구마 위에 뿌린다.

3。 설탕이 타지 않도록 중약 불로 줄이고, 고구마를 뒤집
   어 설탕 1큰술을 더 뿌린다.

4。 접시에 튀긴 고구마를 놓고 식힌 후에 흑미 아이스크림을 떠서 올린다. 그 위에 튀긴 고구마를 덮어 샌드처럼 만든다. 흑깨를 뿌리고 마무리한다.

4

하몽 토마토빵

ingredient

하몽(이베리코 추천) 적당량
토마토 홀 1개
바게트 6장(두께 2~5mm)
설탕 1큰술(신맛의 토마토인 경우 2큰술)
통마늘 1개
올리브오일 약간

TIP

맛있게 먹는 법

이베리코 하몽을 추천합니다.

TIP

하몽의 종류

하몽은 돼지 뒷다리의 넓적다리 부분을 통째로 잘라 소금에 절여 동굴과 같은 그늘에서 곰팡이가 피도록 약 6개월에서 2년 정도 건조·숙성시켜 만든 생햄입니다. 하몽은 흰돼지로 만든 하몽 세라노(Jamon Serrano)와 흑돼지로 만든 하몽 이베리코(Jamon iberico)가 있습니다. 하몽 세라노는 하몽 이베리코보다는 낮은 등급으로 6~12개월 정도 숙성시켜 만듭니다. 하몽 이베리코는 스페인과 포르투갈의 국경 지대에 위치한 산간지방의 이베리아종 흑돼지로 만든 것으로, 이 지역의 돼지는 산악지대에 방목하면서 도토리만 먹고 자라 다른 지역 돼지에 비해 근육층이 발달되어 있는 것이 특징입니다.

출처: 네이비 지식백과 '하몽' 편

스페인 산세바스티안 여행 중에 오리지널 하몽 타파스 맛을 본 후, 그동안 만들어 먹었던 하몽 타파스에서 업그레이드를 해봤어요. 레시피 없이 눈으로 보고 입으로 맛본 경험만으로 집에서 따라해봤는데 진짜 스페인 시골에서 먹는 오리지널 하몽의 맛을 즐길 수 있어서 행복했어요. 방금 산 바게트를 반으로 갈라 손으로 쭉 찢어서 그 위에 생마늘을 문지르고 잘 익은 토마토 홀을 으깨 얹어 이베리코 하몽과 드셔보세요. 스페인에 와 있는 느낌이 듭니다.

recipe

1。 하몽을 잘 펴서 준비한다.
2。 바게트를 2mm 두께로 얇게 자른다. 얇게 자를수록 바삭하다.
3。 달군 팬에 올리브오일을 두르고 바게트를 노릇하게 굽는다.
4。 달군 팬에 올리브오일을 두르고 토마토 홀을 으깬 후 설탕을 넣고 조린다.
5。 구운 바게트 빵 위에 통마늘 하나를 문질러 바른 후 으깬 토마토 홀을 올린다.
6。 바게트와 하몽을 함께 곁들여 낸다.

트러플치즈샌드 & 올리브와 햄, 각종 치즈

ingredient

바게트 1조각(식빵, 플레인 비스킷도 가능)
까망베르 치즈 적당량
꿀 1큰술
트러플 오일 약간

집에 손님을 초대했을 때, 식사 후에 가볍게 와인과 함께 즐기는 안주로 내곤 합니다. 바게트를 얇게 썰어서 바삭하게 구운 후에 까망베르 치즈를 올린 후 꿀을 발라 함께 먹으면 고소하고 맛있어요. 바게트 대신 비스킷을 곁들이면 더 간편하게 만들 수 있어요.

recipe

1。 바게트를 5mm 정도 두께로 자른다. 최대한 얇게 잘라야 바삭하다.

363

2. 팬에 올리브유를 두르고 바게
   트를 노릇노릇하게 굽는다.

3. 까망베르 치즈를 상온에 둬서
   말랑하게 만든 다음, 구운 바
   게트 위에 까망베르 치즈를
   올린다.

4. 3번에 꿀과 트러플 오일을 뿌
   려 완성한다.

●올리브와 햄, 각종 치즈

ingredient

그린 올리브 4개

블랙 올리브 4개

까망베르 치즈 적당량

파마산 치즈 적당량

(각종 치즈 2~3cm 두께로 준비, 그라나파다
노 치즈, 스모크 치즈, 망고 치즈, 블루 치즈
등 취향에 따라 선택)

살라미 5장

후추 약간

로즈마리 2줄(8·10cm)

—

소주잔 2개

나무 도마(플레이트용)

recipe

1. 블랙 올리브와 그린 올리브를 각각 소주잔에 담
   고 나무 도마 양쪽 끝에 사선으로 올린다.

2. 치즈와 살라미를 먹기 좋은 크기로 잘라서 나무
   도마 위에 올린다. 살라미 위에 후추를 뿌린다.

3. 로즈마리 등 허브로 장식한다.

365

이정현의 집밥레스토랑

여름과 겨울에 딱 좋은
한 그릇 요리

| 여름 | 겨울 |

오이냉국국수

ingredient

국수 1인분
오이 $\frac{1}{3}$개
양파 $\frac{1}{3}$개
당근 $\frac{1}{4}$개
청홍고추 반 개씩(생략 가능)
불린 미역 1컵
통깨 약간

냉국 국물

냉수 2컵
만능 간장 6큰술(기호에 따라 조절, 만능 간장 대체 소스 p.28 참조)
다진 마늘 반 큰술
가는소금 1큰술
식초 2큰술

더운 여름이 되면 입맛이 정말 없어지죠. 이때 오이냉국국수를 만들어서 내보세요. 상큼한 식초 향과 오이가 사라진 입맛을 되살리고 식감 좋은 미역은 건강을 되찾아줍니다. 잘 익은 오이김치가 있다면 함께 섞어도 좋습니다. 달콤한 맛을 위해 사이다까지 넣는다면 금상첨화겠지요.

recipe

1. 냄비에 물을 끓이고, 국수 면을 삶아 찬물에 헹궈둔다.
2. 잘 씻은 오이와 양파, 당근은 채 썬다.
3. 냉수에 만능 간장, 다진 마늘, 소금, 식초를 넣고 잘 섞어서 냉국 국물을 만든다.
4. 그릇에 국수를 담고 채 썬 채소와 불린 미역을 올린다.
5. 냉국 국물을 부은 후에 청홍고추와 통깨를 조금 뿌린다.

여름과 겨울에 딱 좋은 한 그릇 요리

3

4

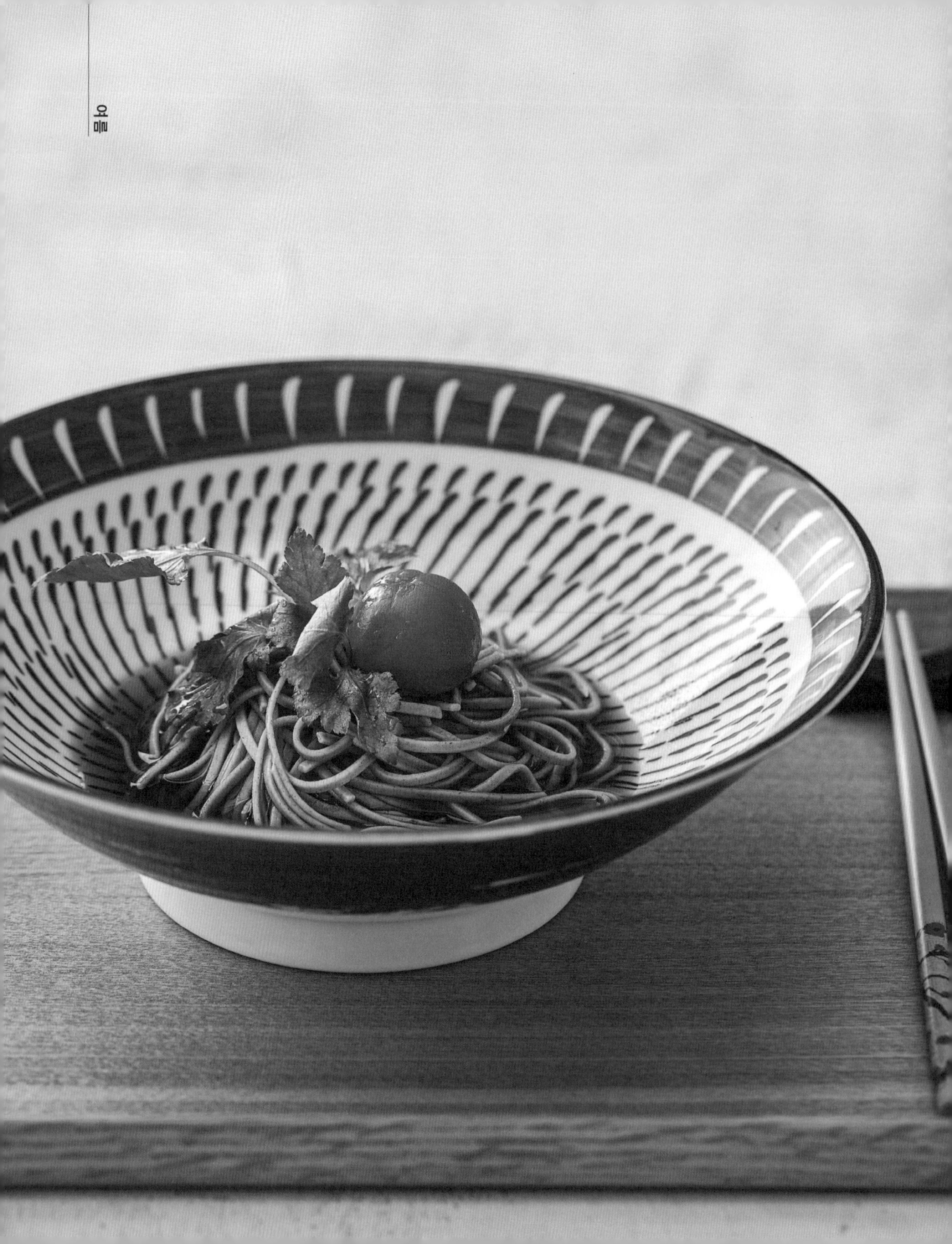

차가운 메밀국수

ingredient

메밀국수 1인분
참나물 3줄
소금에 절인 매실 장아찌 1개(생략 가능)

간장 소스
냉수 $\frac{1}{3}$컵
만능 간장 4큰술(만능 간장 대체 소스 p.28 참조)

더운 여름에는 차갑게, 추운 겨울에는 따뜻하게 자주 해 먹는 메밀국수입니다. 삶은 국수와 만능 간장만 있다면 10초 만에 만들 수 있는 것 같아요. 제가 자주 즐겨 먹는 건강한 별미 중 하나입니다. 집에 매실 장아찌가 있다면 함께 드셔 보세요. 매실 장아찌는 살균 효과가 있고, 자연 소화제로도 작용해서 가족의 건강까지 챙길 수 있는 음식이랍니다.

TIP

따뜻한 메밀국수 만드는 방법

메밀국수 1인분, 만능 간장 4큰술, 참나물 1줄, 따뜻한 생수 반 컵

1. 메밀국수를 삶아 면만 건져내어 그릇에 담는다.
2. 따뜻한 생수 반 컵을 넣고 만능 간장 4큰술을 넣는다.
3. 참나물을 올린다.

recipe

1. 냄비에 물을 끓인 후 메밀국수를 삶아 면만 건져내어 찬물에 헹궈 그릇에 담는다.

만능 간장 메밀국수 만들기

371

2

3

2。 볼에 냉수 $\frac{1}{3}$컵, 만능 간장 4큰술을 넣고 섞어
   간장 소스를 만든다(기호에 따라 간장 양을 조절
   하여 간을 한다).

3。 그릇에 메밀국수를 담고 참나물을 올린 후에 2
   번 간장 소스를 붓는다.

4。 매실 장아찌를 곁들인다.

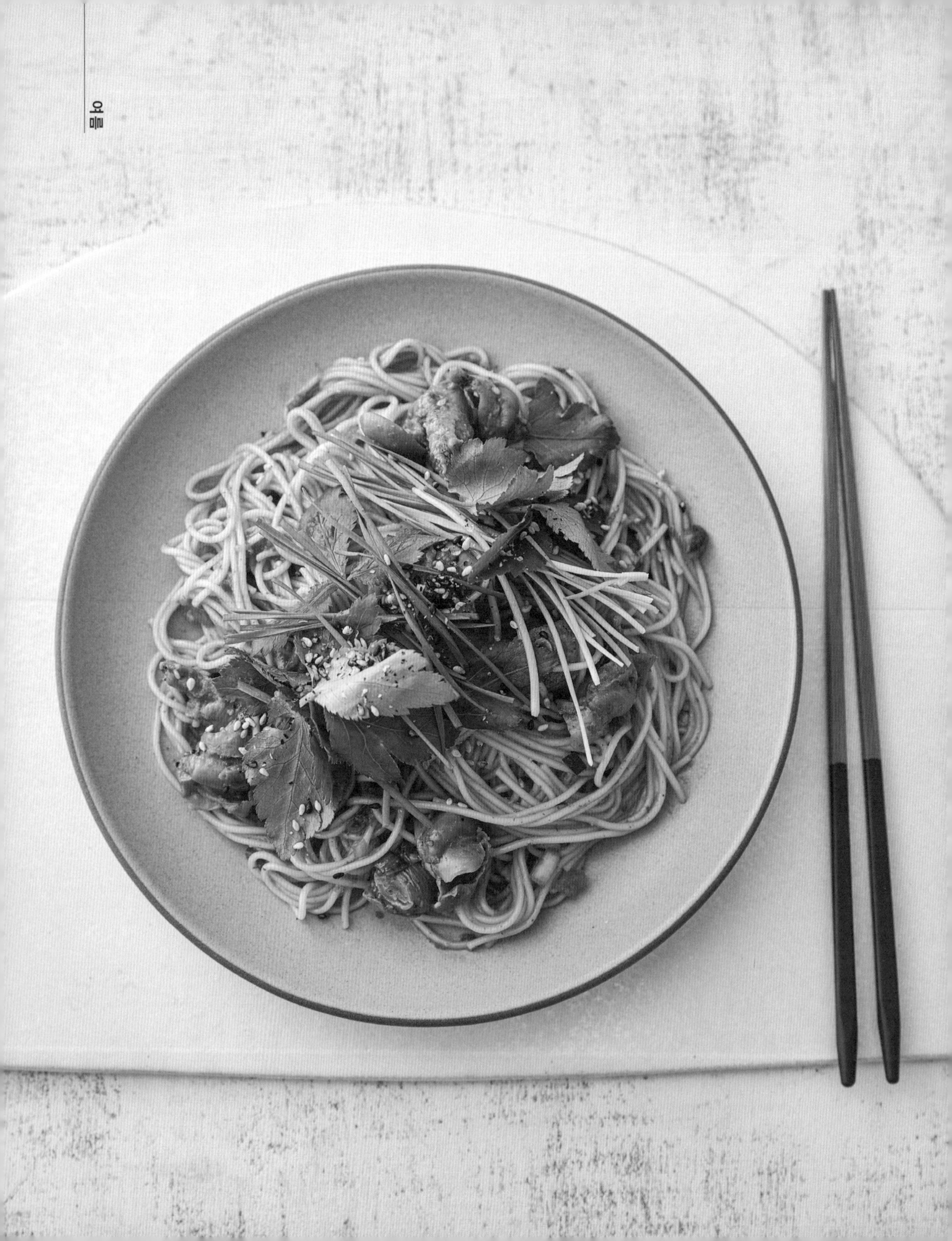

03

참나물 영양부추 골뱅이 비빔국수

ingredient

국수(소면) 1인분
참나물 3줄
영양부추 10줄
만능 양념장 3큰술
골뱅이 반 컵
참기름 반 큰술
통깨 약간
식초 약간(기호에 따라 조절)

야식으로 자주 만들어 먹는 국수입니다. 골뱅이가 있다면 함께 무쳐서 드셔보세요. 쫄깃한 식감 덕분에 야식 시간이 더 행복해진답니다.

recipe

1. 냄비에 물을 끓여서 국수를 삶은 후 찬물에 헹군다.
2. 참나물과 영양부추를 깨끗이 씻은 후에 적당한 크기로 자른다.
3. 볼에 국수를 담고, 만능 양념장과 골뱅이, 참기름을 넣고 무친다.
4. 그릇에 소면과 골뱅이를 담고, 참나물과 영양부추를 올린다. 통깨를 약간 뿌린다.

여름과 겨울에 딱 좋은 한 그릇 요리

3

3

루꼴라 파스타

ingredient

루꼴라 1컵
방울토마토 10개
그라나파다노 치즈 $\frac{1}{3}$컵
—
로티니, 콘킬리에 2컵(푸실리도 가능)
소금 1큰술
물 1L(파스타 삶을 정도의 양)

소스
올리브오일 반 컵
다진 마늘 $\frac{1}{4}$ 큰술
발사믹 식초 2큰술
후추 약간
소금 2꼬집

TIP

파스타 면 삶기
p.33 참조

여름이면 자주 만들어 먹는 파스타 중 하나입니다. 저의 비밀병기 중 하나이며, 어디에도 없는 레시피입니다. 루꼴라와 치즈만 있다면 이국적인 맛의 파스타가 간편하게 완성됩니다. 매우 쉬우면서도 건강한 맛의 새로운 파스타 레시피입니다. 더운 날 만들어 드셔보세요. 쌉싸름한 루꼴라가 입맛을 되찾아주고 잘 익은 토마토와 치즈는 풍미를 살려줍니다. 남은 파스타는 냉장고에 차게 두고 드셔도 정말 맛있습니다.

recipe

1. 끓는 물에 굵은소금, 로티니와 콘킬리에를 넣고 8분간 삶는다.
2. 깨끗이 씻은 방울토마토를 반으로 자른다.

2

3。 용기에 올리브오일, 다진 마늘, 발사믹 식초, 후추,
소금을 넣고 섞어서 소스를 만든다.

4。 그릇에 익은 파스타(로티니, 콘킬리에)를 담고, 3번
소스를 부은 후에 섞는다.

5。 4번에 방울토마토, 루꼴라, 그라나파다노 치즈를
넣는다.

6。 접시에 파스타를 담고 통후추를 뿌려 완성한다.

고기 냄비 요리(샤브샤브)

ingredient

얇은 불고기용 소고기 150g

멸치육수 1.8L

쪽파 2줄

알배기배추 $\frac{1}{3}$쪽

청경채 4쪽

숙주 1컵

느타리버섯 반 컵

미니 새송이버섯 반 컵

표고버섯 2개

쑥갓 3~4줄

당근 $\frac{1}{4}$개(생략 가능)

국수 1인분(생략 가능) 혹은 밥 반 공기
(생략 가능)와 달걀 1개

간장 소스(폰즈 소스)

만능 간장 6큰술(만능 간장 대체 소스
p.28 참조)

생수 2큰술

레몬즙 약간

다진 쪽파 1큰술

땅콩 소스

땅콩잼 2큰술

간장 1큰술

생수 4큰술

올리고당 3큰술(설탕 가능)

통깨 반 큰술

TIP

마지막에 남은 육수로 국수나 죽을 끓
일 때 양념장(p.59 참조)을 넣으면 더욱
맛있어요.

겨울에 가족과 함께 자주 만들어 먹곤 해요. 만능 간장만 있
다면 간장 소스는 10초 안에 만들고요. 땅콩잼과 통깨만 있
으면 땅콩 소스를 뚝딱 완성합니다. 소스류가 너무 맛있어
서 가족들의 리필 요구가 끊이지 않는답니다.

소고기만 준비된다면 재료에 소개된 채소 외에도 모든 채
소가 가능합니다. 저는 보통 냉장고 털기 하면서 냉장고에
남아 있는 채소들을 이렇게 해치웁니다. 몸도 건강해지고
맛도 정말 좋아요.

recipe

1. 볼에 만능 간장 6큰술, 생수 2큰술, 레몬즙을 넣고 섞은 후에
   다진 쪽파를 넣고 간장 소스를 만든다.

2

2。 다른 볼에 땅콩잼 2큰술, 간장 1큰술, 생수 4큰
술, 올리고당 3큰술, 통깨를 넣고 잘 섞어 땅콩
소스를 만든다.

3. 깨끗이 씻은 채소를 먹기 좋게 썰어서 버섯과
함께 그릇에 담는다.

3

4。 고기도 잘 펴서 그릇에 담는다.

5。 냄비에 멸치육수를 담고 끓이면서 고기와 채소
　　를 담가 익으면 소스에 찍어 먹는다.

6。 마지막 남은 육수에 국수를 넣고 양념장(p.59 참
　　조)을 넣어 끓여 먹는다(밥을 넣어 죽을 만들 경
　　우 달걀물도 함께 넣어 끓인다).

일본식 불고기(스키야키)

ingredient

얇게 썬 불고기용 소고기 150g

달걀노른자 2개

쪽파 2줄

알배기배추 $\frac{1}{3}$쪽

청경채 4쪽

숙주 1컵

느타리버섯 반 컵

미니 새송이버섯 반 컵

표고버섯 2개

우엉 약간(생략 가능)

곤약 약간(생략 가능)

냄비 소스

만능 간장 1컵(만능 간장 대체 소스 p.28
참조)

생수 반 컵

고기 냄비 요리(샤브샤브)보다 훨씬 간단한 메뉴입니다. 육수와 소스가 필요 없으니까요. 만능 간장과 달걀노른자만 있으면 맛있게 즐길 수 있답니다. 꼭 재료에 소개된 채소만 사용하지 않아도 됩니다. 그때그때 있는 채소로 만들어 드세요. 채소 종류가 많지 않아도 됩니다.

recipe

1. 냄비에 만능 간장과 생수를 넣고 끓인다.

2. 채소는 잘 씻어놓는다.

3. 달걀노른자를 풀어 그릇에 담는다.

4. 끓고 있는 간장 소스에 씻어놓은 채소와 소고기를 넣고 익힌 후에 노른자에 찍어 먹는다.

따뜻한 우동

ingredient

우동 면 1인분

쑥갓 1줄(생략 가능)

메추리알 1개(생략 가능)

곤약 약간(생략 가능)

생수 500ml

만능 간장 반 컵(만능 간장 대체 소스 p.28 참조)

소금 반 큰술

고춧가루 약간

만능 간장만 있으면 3분 요리처럼 뜨거운 물만 부으면 완성된답니다. 371페이지에 소개된 따뜻한 메밀국수 레시피와 같아요. 집에서 손쉽게 만들어 먹는 건강한 3분 요리입니다. 한겨울에 먹으면 더욱 맛있습니다.

recipe

1. 우동 면을 끓는 물에 삶는다. 면만 건져내어 찬물에 헹군다.

2. 쑥갓은 깨끗이 씻고, 메추리알은 끓는 물에 삶는다. 곤약을 조금 준비한다.

3. 냄비에 생수를 붓고 끓으면 만능 간장을 넣는다. 싱거우면 소금으로 간을 맞춘다.

4. 그릇에 우동 면을 담고 3번 만능 간장 국물을 부은 후에 쑥갓을 올린다.

5. 곤약, 메추리알을 올리고, 고춧가루를 조금 뿌린다.

여름과 겨울에 딱 좋은 한 그릇 요리

이정현의
집밥레스토랑

초판 1쇄 발행 2020년 4월 27일
초판 23쇄 발행 2024년 10월 29일

지은이 이정현

대표 장선희 **총괄** 이영철
기획편집 현미나, 한이슬, 정시아, 오향림
디자인 양혜민, 최아영 **외주디자인** 여만엽
마케팅 최의범, 김경률, 유효주, 박예은
경영관리 전선애

사진 방문수 **어시스턴트** 이태구
플라워아트 플레이팅 이정현
푸드스타일링 김가영, 권민경, 이도화, 김지명 그리고 이정현

펴낸곳 서사원 **출판등록** 제2021-000194호
주소 서울시 마포구 성암로 330 DMC첨단산업센터 713호
전화 02-898-8778 **팩스** 02-6008-1673
이메일 cr@seosawon.com
네이버 포스트 post.naver.com/seosawon
페이스북 www.facebook.com/seosawon
인스타그램 www.instagram.com/seosawon

ⓒ 이정현, 2020

ISBN 979-11-90179-23-2 13590

서사원은 독자 여러분의 책에 관한 아이디어와 원고 투고를 설레는 마음으로 기다리고 있습니다.
책으로 엮기를 원하는 아이디어가 있는 분은 이메일 cr@seosawon.com으로 간단한 개요와 취지,
연락처 등을 보내주세요. 고민을 멈추고 실행해보세요. 꿈이 이루어집니다.